飞机钣金成形技术

主　编　杨　帆　徐胜利

副主编　龚小涛　周晓虎

参　编　周　超

主　审　胡　平

北京理工大学出版社

BEIJING INSTITUTE OF TECHNOLOGY PRESS

内 容 简 介

"飞机钣金成形技术"课程本着夯基础、重技能、拓应用的原则，将课程进行模块划分，模块参照真实的工作过程，以典型的飞机零件为载体，分别从飞机钣金成形基本原理、冲裁成形、弯曲成形、拉深成形、蒙皮类零件成形、型材类零件成形等常用的钣金零件成形加工方法着手，分别对成形过程中的基本原理和相关工艺进行分析，分析成形工艺中涉及的相关计算，对钣金加工过程中所使用的工装详细说明，并对每种成形方法的优劣及应用场合进行分析，读者通过学习可具备工艺中相关计算和评估的能力，并能根据加工零部件的不同，正确选择成形类型及加工流程。

本书适用于有制造基础，并且喜欢飞机制造的所有人进行学习，也适合航空航天、航空装备、装备与制造等大类专业的师生、企业技术工人和从事飞行器数字化制造的技术人员学习。

图书在版编目（CIP）数据

飞机钣金成形技术／杨帆，徐胜利主编. －－ 北京：北京理工大学出版社，2023.3
ISBN 978－7－5763－2632－1

Ⅰ. ①飞… Ⅱ. ①杨… ②徐… Ⅲ. ①飞机－钣金工－工艺 Ⅳ. ①V261.2

中国国家版本馆 CIP 数据核字（2023）第 140521 号

责任编辑：多海鹏　　　文案编辑：多海鹏
责任校对：周瑞红　　　责任印制：李志强

出版发行 ／北京理工大学出版社有限责任公司
社　　址 ／北京市丰台区四合庄路 6 号
邮　　编 ／100070
电　　话 ／（010）68914026（教材售后服务热线）
　　　　　　（010）68944437（课件资源服务热线）
网　　址 ／http://www.bitpress.com.cn

版 印 次 ／2023 年 3 月第 1 版第 1 次印刷
印　　刷 ／涿州市新华印刷有限公司
开　　本 ／787 mm×1092 mm　1/16
印　　张 ／14.5
字　　数 ／341 千字
定　　价 ／89.00 元

前　言

PREFACE

在举国上下全面学习贯彻执行党的二十大精神和习近平新时代中国特色社会主义思想的热潮中，高等职业院校飞行器制造类专业产教融合特色教材《飞机钣金成形技术》应运而生。本书是对照国家教学标准和国家职业标准《冷作钣金工》要求，引入航空企业钣金成形新技术、新工艺、新规范编写而成。

钣金成形的核心就是用手工或机器对金属毛坯进行"收"和"放"的加工过程。阅古览今，可以说钣金技术是一门古老而现代的金属加工技艺。

飞机钣金成形技术是以航空材料中常用的板材和管材为加工对象，利用金属具有塑性变形的特点，完成飞机结构中蒙皮、框肋、桁梁等承载零件的生产技术。它是航空制造工程中重要的组成部分，是使飞机同时获得高结构效率和优良性能的基础制造技术之一，也是航空制造支柱工艺之一。其生产过程对航空装备制造质量、周期和成本有着很重要的影响。钣金成形技术的先进程度直接影响到钣金件的加工质量和准确度。而钣金件的质量对飞机外形、疲劳寿命、性能和后续装配质量，以及新型航空装备的研制和生产影响深远。

全书分为两大部分：第一部分包括任务一～任务四，重点分析钣金成形基本概念、钣金成形原理的基础知识、冲压成形中常用的冲裁工艺与模具、弯曲工艺与模具、拉深工艺与模具；第二部分包括任务五～任务十，按照飞机结构类型，分为蒙皮类零件成形、型材类零件成形、管子弯曲成形、框肋类零件成形、旋压件成形和特种成形方法，重点分析了飞机钣金件成形中常用的压弯、滚弯、折弯、拉弯、拉形、橡皮成形、落压成形，弯管类零件的手工弯曲和机器弯曲，以及薄壁类零件的旋压成形、壁板喷丸成形及特种成形等。

本书任务一由龚小涛和杨帆编写，任务二～任务四由杨帆编写，任务五～任务九由徐胜利编写，任务十由周晓虎和徐胜利编写。全书由徐胜利统稿，西安建筑科技大学胡平教授主审。在编写过程中，西安航空职业技术学院周超、湖南汽车工程职业学院张仟参与了部分任务初稿的起草工作，在此表示感谢。对西安建筑科技大学胡平教授提出的宝贵意见和建议深表感谢。对于西安三角防务有限公司副总经理周晓虎高级工程师、西安航空职业技术学院教务处长龚小涛教授、航空维修工程学院院长张超教授，以及教研室霍一飞、董钰颖、李永洁三位老师，在本书编写过程中给予的关心和热情帮助表示感谢。

由于编者水平有限，难免存在错误和不妥之处，恳请读者批评指正。

编　者

目 录
·········· C O N T E N T S ··········

任务一
钣金成形工作准备

任务二
冲裁件成形

任务三
弯曲件成形

任务四
拉深件成形

任务七
管子弯曲成形

任务八
框肋类零件成形

任务九
旋压成形

任务十
特种成形

任务一

钣金成形工作准备

【任务导言】

钣金和冲压是塑性加工的基本方法之一，主要用于板料及型材类零件成形，既可加工金属材料，也可加工非金属材料，应用范围十分广泛。

金属的塑性变形与其材料学性能密切相关，要掌握钣金成形加工技术，就必须了解金属塑性变形的基本原理。我们从金属的晶体结构、金属单晶体与多晶体的塑性变形、金属塑性变形后的组织与性能变化及金属的塑性变形方式等角度讨论飞机钣金成形的基本原理。

【任务内容】

钣金冲压成形基本概念，钣金和冲压零件的分类方法及加工特点；金属塑性变形的物理基础，拉伸应力—应变曲线，应力状态图与应变状态图，影响金属塑性的主要因素，板料的冲压成形性能。

【学习目标】

(1) 理解钣金和冲压加工的基本概念。

(2) 熟悉钣金和冲压零件的分类方法。

(3) 掌握板材冲压成形性能及影响金属塑性的相关因素。

(4) 熟悉金属拉伸试验的操作过程及衡量金属力学性能的相关指标。

(5) 培养学生认识、分析和解决问题的能力。

(6) 养成良好的学习方法、工作中的创新意识和质量意识，形成较强的团队合作精神和精益求精的工匠精神。

子任务1.1　成形准备工作

【任务描述】

分析如图1-1所示钣金件，完成该零件手工成形前的准备工作。

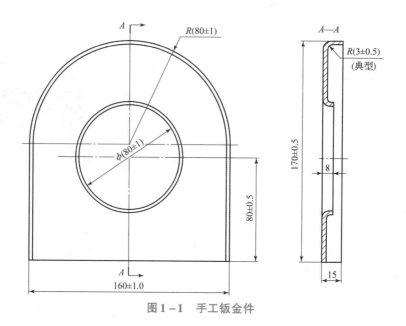

图 1-1　手工钣金件

【任务引导】

引导问题 1：什么是冲压加工？什么是钣金加工？

引导问题 2：冲压零件加工包括哪些工序？

引导问题 3：飞机上哪些零件适用于钣金成形？

【知识学习】

飞机钣金成形
技术概论

冲压加工是利用安装在压力机上的模具，对置于模具内的板料施加变形力，使其产生分离或变形，从而获得一定形状、尺寸和性能的零件的加工方法。冲压加工的对象一般为金属板料、带料和薄壁型材等，因此也称为板料冲压，且通常是在室温状态下进行，故也称为冷冲压。

钣金加工是把板材、型材、管材等毛料，利用材料的塑性，并由冷压的方法成形为各种零件，它还包括下料和校修。飞机钣金制造技术是航空航天制造工程的一个重要组成部分，是实现飞机结构特性的重要方法。现代飞机的壳体主要是钣金铆接结构，钣金零件约占飞机零件数量的 50%，钣金工艺装备占全机制造工艺装备的 65%，其制造工作量占全机工作量的 20%。

生产中为满足冲压零件形状、尺寸、精度、批量大小和原材料性能的要求，冲压加工的方法是多种多样的，但是概括起来可以分为分离工序与成形工序两大类。分离工序又可分为落料、冲孔和剪切等，目的是在冲压过程中使冲压件与板料沿一定的轮廓线相互分离，如表 1 - 1 所示。成形工序可分为弯曲、拉深、翻孔、翻边、胀形和缩口等，目的是使冲压毛坯在不被破坏的条件下发生塑性变形，并转化成所要求的零件形状，如表 1 - 2 所示。

表 1 - 1　冲压分离工序

工序名称	示意图	说明
落料		分离轮廓为封闭曲线，轮廓内为制件，轮廓外为废料，用于加工各种形状的平板零件
冲孔		分离轮廓为封闭曲线，轮廓内为废料，轮廓外为制件，用于在零件上加工各种形状的孔，落料与冲孔合称为冲裁
切断		分离轮廓为不封闭曲/直线，用于将板料裁切成长条或加工成形状简单的平板零件
切边		在工序件/半成品的曲/平面上沿内/外轮廓修切，以获得规则整齐的棱边、光洁的剪切面和较高的尺寸精度
剖切		将整体成形得到的工序件/半成品切开成数个零件，多用于不对称零件成组成形之后的分离
切口		将零件沿不封闭的轮廓部分分离，并使部分板料产生弯曲变形

表 1-2　冲压成形工序

工序名称	示意图	说明
弯曲		将坯料/型材/半成品件沿直线压弯成具有一定曲率和角度的零件
滚弯		沿直线用辊子实现板料的逐步弯曲变形，常用卷板机完成
卷弯		把板料端部卷成接近封闭的圆筒形状
辊形		用多对成形辊，沿纵向使带料逐渐弯曲变形
拉弯		在施加拉力的条件下，使板料沿模具表面实现弯曲变形
扭曲		将工序件/半成品件的一部分相对于另一部分在某个面上扭转一定角度
拉深		变形区在应力作用下，使板料/半成品空心件成形为空心零件，而壁厚基本不变

工序名称	示意图	说明
翻边		沿封闭/不封闭的轮廓曲线将板料的平面/曲面边缘翻成竖直边缘
缩口		将空心件/管状件或半成品件的某个端部的径向尺寸缩小
胀形		使板料/空心件/半成品件的局部变薄，从而使其表面积增大
扩口		将空心/管状件或半成品件的端部径向尺寸扩大
整形		对坯料/半成品件的局部/整体施加法向接触压力，以提高零件尺寸精度
旋压		在坯料旋转的同时，用一定形状的旋轮施加压力，使坯料的局部变形逐步扩展到整体，达到使坯料全部成形的目的

知识点二　钣金零件分类

1. 按钣金零件结构特征分类

按结构特征分类，飞机钣金零件有蒙皮、隔框、壁板、翼肋、导管等。

2. 按钣金零件品种分类

按品种分类，飞机钣金零件可分为型材零件、板材零件和管材零件三大类，每类零件又可进一步细分为如图 1 - 2 所示的各个具体零件。

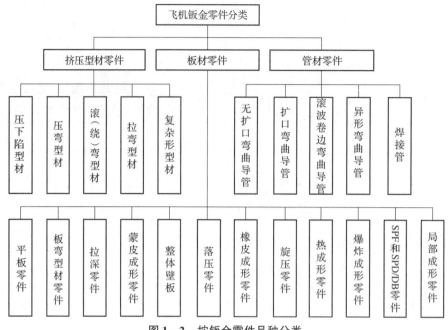

图 1–2　按钣金零件品种分类

知识点三　冲压钣金加工的特点

钣金冲压生产靠模具和设备完成加工过程，是常用的一种材料成形方法，在技术和经济方面有以下特点：

（1）冲压件的尺寸精度由模具来保证，具有一模一样的特征，所以质量稳定、互换性好。

（2）由于利用模具加工，所以可获得其他加工方法所不能或难以制造的壁薄、重量轻、刚性好、表面质量高、形状复杂的零件。

（3）冲压加工一般不需要加热毛坯，也不像切削加工那样大量切削金属，所以它不但节能，而且节约材料。

（4）钣金成形是一种低耗、高效的加工方法，零件质量稳定，可加工薄壁、形状复杂、轮廓尺寸大、刚度小及质量要求高的零件，适用于单件、小批量生产。

知识点四　冲压钣金材料要求

1. 板料的基本要求

冲压钣金用板料不仅要满足使用要求，还应能适应冲压工艺要求。

1）冲压成形性能方面

对于分离工序，要求板料具有一定的塑性；对于成形工序，为了有利于加工成形和保证制件质量，板料应具有良好的抗破裂性、贴模性和定形性。

2）表面质量方面

为了保证制件质量和模具使用寿命，板料的表面应光洁平整、无损伤缺陷。

3）厚度公差

因为一定的模具间隙适用于一定厚度的板料，若板料厚度公差太大，不仅会直接影响制件的质量，还可能导致废品的出现。在校正弯曲、整形等工序中，若板料厚度的正偏差过大，则有可能引起模具或设备过载而损坏。所以，板料的厚度公差应符合有关标准要求。

2. 板料的种类

冲压钣金用板料主要是金属材料，也用非金属材料。

常用的金属材料分黑色金属和有色金属。黑色金属包括普通碳素结构钢、优质碳素结构钢、合金结构钢、弹簧钢、不锈钢、硅钢、电工钢等，有色金属包括铝合金、钛合金、镁合金、铜合金等。

为了满足某些特殊需要，生产中可能会用到复合金属板，如钢－铜复合板、钢－铝复合板、钢－不锈钢复合板、不锈钢－铝复合板等。此外还有覆塑钢板、镀层钢板、双相钢板等。这些板料兼有其组分的力学性能和物理性能。

常用的非金属材料有皮革、塑料、橡胶、云母、纤维板、胶合板、纸板等。

【任务实施】

任务实施过程见表 1－3。

表 1－3　任务实施过程

序号	实施项目	操作步骤	实施要点	备注
1	准备工作	班级分组：全班同学按学号分成五个小组		
2		工具明细： （1）划线平板； （2）划规； （3）铅笔； （4）钢板尺； （5）钳工台案； （6）锉刀； （7）手动剪； （8）剪板机； （9）细纱布		
3	任务实施	按学号分组，明确准备工作任务		
4		分析零件图，计算展开料尺寸，对比各组计算结果		
5		每组同学分析讨论划线方法及基准如何选择，与老师交换意见		
6		各组按照自己拟定的划线方案选择划线工具，做好准备工作		
7		完成本小组毛坯料划线工作，老师组织讨论，形成正确的划线操作方法		
8	任务结束	准备工作结束，提交结果		
9		按组上交准备工作报告		

【任务评价】

根据表1-4中的评价标准，对任务完成情况进行评价和总结。

表1-4　任务评价标准

序号	评价项目	评价内容	配分	评分标准		学生互评（40%）	教师评价（60%）	备注
				良好	合格			
1	专业能力	展开料尺寸	20	20	15			
2		基准选择	10	20	15			
3		划线方法	20	20	15			
4		工具使用	20	20	15			
5	职业素养	分析和解决问题的能力	10	10	8			
6		团队合作精神	10	10	8			
7		质量意识	10	10	8			

子任务1.2　板料拉伸实验

【任务描述】

材料在外力作用下所呈现出的有关强度和变形方面的特性，称为材料的力学性能，它是保证零件和构件正常工作应具备的主要性能。而材料力学性能一般通过试验来测定。因此，我们将通过以下任务的完成，熟悉钣金成形过程中的相关原理。

（1）绘制低碳钢、铝合金拉伸应力—应变曲线图。

（2）确定低碳钢、铝合金在拉伸时的力学性能（比例极限 σ_e、屈服强度 σ_s、强度极限 σ_b、断后伸长率 δ、断面收缩率 Ψ 等）。

板料拉伸标准试样如图1-3所示。

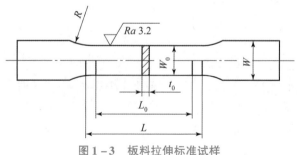

图1-3　板料拉伸标准试样

引导问题一：金属和合金在再结晶温度以下变形时，主要的塑性变形方式是什么？

引导问题二：塑性材料在拉伸过程中的四个阶段分别是什么？

引导问题三：衡量材料力学性能的常用指标有哪些？

引导问题四：从拉伸实验所得到的应力—应变曲线中，可得到哪些强度指标与塑性指标？对钣金成形有何指导意义？

【知识学习】

金属塑性
变形物理基础

知识点一　金属塑性变形的物理基础

1. 金属的晶体结构

固态物质按其原子的聚集状态可分为晶体与非晶体两大类。凡原子呈规则排列的物质称为晶体；而原子呈无规则排列的物质称为非晶体。一般的固态金属都是晶体，晶体中原子规则排列的方式称为晶体结构。通过金属原子的中心画出许多空间直线，这些直线将形成空间格架，这种假想的格架称为晶格，能反映该晶格特征的最小组成单元称为晶胞。晶胞在三维空间重复排列即构成晶格。

不同元素组成的金属晶体因其晶格形式不同，表现出不同的物理、化学和力学性能。工程中常用的金属有几十种，其固态纯金属的晶格形式多种多样，但最常见和最典型的晶格类型有以下三种。

1）体心立方晶格

体心立方晶格的晶胞模型如图 1-4 所示，其中 8 个原子分别处于立方体的各个角上，一个原子处于立方体的中心。具有体心立方晶格的金属有钼（Mo）、钨（W）、钒（V）和 α-铁等。

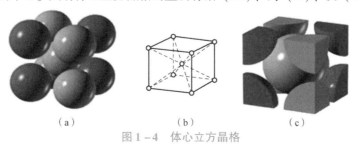

（a）　　　　　　（b）　　　　　　（c）

图 1-4　体心立方晶格

（a）模型；（b）晶胞；（c）晶胞原子数

2）面心立方晶格

面心立方晶格的晶胞模型如图 1-5 所示，金属原子分布在立方体的 8 个角和 6 个面的中心，面中心的原子与该面四个角上的原子紧靠。具有这种晶格的金属有铝（Al）、铜（Cu）、镍（Ni）、金（Au）、银（Ag）、γ-铁等。

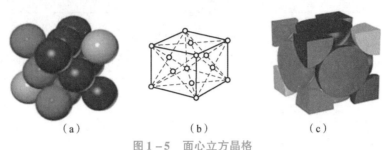

图 1-5 面心立方晶格

（a）模型；（b）晶胞；（c）晶胞原子数

3）密排六方晶格

密排六方晶格的晶胞模型如图 1-6 所示，12 个金属原子分布在六方体的 12 个角上，在上、下底面的中心各分布一个原子，上、下底面之间均匀分布三个原子。具有这种晶格的金属有镁（Mg）、锌（Zn）、铍（Be）等。

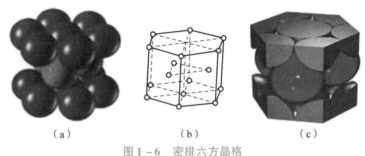

图 1-6 密排六方晶格

（a）模型；（b）晶胞；（c）晶胞原子数

金属的晶格类型和大小的区别将造成金属具有不同的物理、化学和力学性能，同一种晶格类型在不同方向上的性能也会有所不同，即具有各向异性。因此在选用金属材料和制定塑性成形工艺的过程中，要充分考虑这个特性，以保证成形零件的质量。金属的晶体结构可用X 射线结构分析技术进行测定。

2. 金属塑性变形机理

金属变形体在外力作用下，其内部产生应力，使金属在宏观上发生变形，当外力停止作用后，应力恢复为零，变形也随之消失，这就是金属的弹性变形。当外力持续增大，使金属内部的应力超过金属的屈服极限后，外力撤去，原子已无法返回到原来的平衡位置，所以宏观上表现为金属的变形没有消失，这种永久的、残余的、不可恢复的变形称为塑性变形。试验表明，晶体只有受到切应力作用才会发生塑性变形，而单晶体的塑性变形主要是通过晶粒内部的滑移和孪晶两种方式进行的。

1）滑移

金属塑性变形最基本的方式是滑移。所谓滑移，是指当作用在晶体上的切应力达到一定值后，晶体一部分沿一定的滑移面和这个晶面上一定的滑移方向，相对其另一部分产生有规律的相对移动，如图 1-7 所示。金属的滑移面一般都是晶格中原子分布最密的面，滑移方向则是原子分布最密的结晶方向，因为沿着原子分布最密的面和方向滑移的阻力最小。金属晶格中，原子分布最密的晶面和结晶方向越多，产生滑移的可能性越大，金属的塑性就越好。晶格的滑移可通过位错理论来解释。滑移时并不需要整个滑移面上的全部原子一起移动，而只是在位错中心附近的少数原子发生移动。

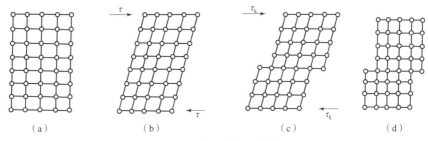

图 1-7　单晶体的滑移变形

（a）变形前；（b）弹性变形；（c）弹塑性变形；（d）塑性变形

滑移的结果是使原子逐步从一个稳定位置移动到另一个稳定位置，晶体产生宏观的塑性变形。滑移时原子移动的距离是原子间距的整数倍，滑移后晶体各部分的位向仍然一致。

单晶体的
滑移变形

滑移后，在金属内部和表面会出现许多纹路，这些纹路称为滑移线。滑移线实际上是滑移后在晶体表面留下的小台阶。相互靠近的一组小台阶宏观上反映出一个大台阶，这个大台阶称为滑移带。

一般来讲，面心立方晶体金属和体心立方晶体金属的滑移系较多，因此，它们比密排立方晶体金属的塑性好。

2）孪晶

晶体的另外一种塑性变形方式是孪晶，又称孪动或孪生。它不是塑性变形的主要方式，但它却能造成破坏。孪晶是金属在一定的外力作用下，晶体的一部分相对另一部分，沿着一定的晶面和方向发生转动，其结果是已变形部分的晶体位向发生改变，与未变形部分以孪晶面互为对称，如图 1-8 所示。

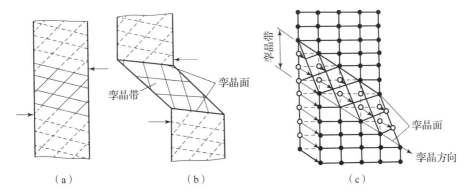

图 1-8　单晶体的孪晶变形

（a）变形前；（b）变形后；（c）孪晶变形时原子位移示意图

与滑移相比，孪晶具有以下特点：

（1）突然性：滑移过程是渐进的，而孪晶过程是突然发生的。例如，金属锡在孪晶过程中，能听到一种清脆的声音，称为"锡鸣"。

（2）微小性：孪晶时原子位置不会产生较大的错动，因此晶体取得较大塑性变形的方式主要是滑移作用。

（3）破坏性：孪晶后，金属晶体内部出现空隙，易于导致金属的破坏。

（4）对称性：孪晶变形前后原子对于孪晶面对称，而滑移变形没有对称性。

除此之外，孪晶所要求的临界切应力比滑移要求的临界切应力大得多，只有在滑移过程很困难时，晶体才发生孪晶。

3）晶间变形

滑移和孪晶都是发生在单个晶粒内部的变形，称为晶内变形。工业生产中实际使用的金属绝大部分是多晶体。多晶体中的每个单晶体（晶粒）要受到四周晶粒的牵制，变形不如自由单晶体单纯，塑性也不易充分发挥，会造成变形不均匀。多晶体的变形方式除晶粒本身的滑移和孪晶外，还有在外力作用下晶粒间发生的相对移动和转动而产生的变形，即晶间变形。凡是加强晶间结合力、减少晶间变形、有利于晶内发生变形的因素，均有利于晶体进行塑性变形。当多晶体间存在杂质时，会使晶间结合力降低，晶界变脆，不利于多晶体进行塑性变形。

多晶体的变形

知识点二　拉伸应力—应变曲线

力学性能是指金属材料在外力作用下所反映出来的性能，它是保证零件和构件正常工作应具备的主要性能，主要包括强度、塑性、硬度、冲击韧性和疲劳强度等。

棒料拉伸曲线图

强度和塑性指标是通过拉伸试验测定的。拉伸试验是确定材料力学性能最简单、最普遍的方法。根据拉伸试验所提供的力学性能指标，可以定性估计材料的压制成形性能。

1. 应力—应变曲线概论

以退火的低碳钢为例（如图 1-9 所示），其试验曲线如图 1-10 所示，曲线的纵坐标为外载 F（材料试验机加给试件的力）与试件原始横截面面积 A_0 的比值，此比值称为应力，用 σ 表示；横坐标取试件的断后伸长率，它是指试件单位长度的变形量，又称为应变，用 ε 表示。因此有

$$\sigma = F/A_0$$

$$\varepsilon = \frac{l - l_0}{l_0} \times 100\%$$

式中　σ——应力，单位 MPa；

　　　F——材料试验机加给试件的力，单位 N；

　　　A_0——试件原始横截面面积，单位 mm^2；

　　　l——试件断裂时的总标距长度，单位 mm；

　　　l_0——试件原始的总标距长度，单位 mm。

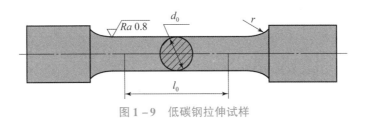

图 1 - 9　低碳钢拉伸试样

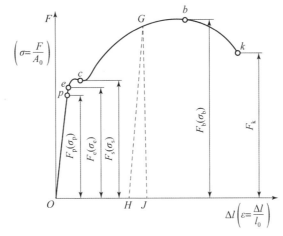

图 1 - 10　低碳钢应力—应变曲线

1）第 I 阶段——弹性变形阶段

在这个阶段中，应力基本上随应变线性变化。

2）第 II 阶段——屈服变形阶段

此阶段，按其由弹性变形过渡到塑性变形阶段的特点来说，可将材料分为两类：第一类为有明显屈服点的金属，如低碳钢、合金钢、黄铜等，这些材料在屈服阶段曲线呈锯齿形，习惯上称屈服平台，通常取最低点为屈服应力 σ_s；第二类为没有明显屈服点的金属，如铝、钛等绝大多数有色金属及其合金都是如此，它们的屈服变形是渐进的，如图 1 - 11 所示。此时，通常取卸载后有 0.2% 的残余应变所对应的应力作为屈服应力，用 $\sigma_{0.2}$ 表示。

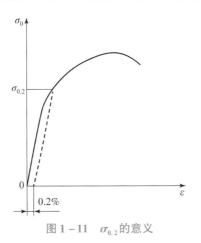

图 1 - 11　$\sigma_{0.2}$ 的意义

上述第一类材料是塑性材料，这类材料在破裂之前有明显的塑性变形，这种破裂称为韧性破裂；第二类材料是脆性材料，如灰口铸铁，在破裂之前无明显的塑性变形，这种破裂称为脆性破裂。

3）第Ⅲ阶段——均匀塑性变形阶段

在这个阶段中，塑性变形在试件上是均匀分布的，其过程一直持续到应力达到最大值，即达到强度极限 σ_b 为止。

4）第Ⅳ阶段——不均匀塑性变形阶段

在这个阶段中，塑性变形在试件上不再均匀发展，出现颈缩阶段，直到拉断为止。这个阶段的应力随应变的增加而逐渐减小。但由于试件在变形过程中的实际横截面是随变形的发展而缩小的，所以出现缩颈以后材料所承受的真正应力比实验应力要大得多。

2. 弹性

具有弹性变形特性的材料能够产生弹性变形而不发生永久变形的能力，称为弹性。在弹性变形区域内，如图 1 – 10 中的 Oe 段，应力和应变成正比，即：

$$\sigma = E\varepsilon$$

式中　E——弹性模量，它表示引起单位应变所需的应力的大小，即当 $\varepsilon = 1$ 时，$E = \sigma$。

E 值与材料原子之间作用力的强弱有关。工程上常用弹性模量作为衡量材料刚度的指标，E 越大，刚度越好。刚度是材料抵抗弹性变形的能力。材料在一定的外力作用下，弹性变形越大，说明其刚度越小；反之，其刚度则大。弹性极限，即：

$$\sigma_e = F_e / A_0$$

式中　σ_e——试件在最大弹性变形时材料所承受的应力，MPa；

　　　　F_e——试件在最大弹性变形时的载荷，N；

　　　　A_0——试件原始横截面面积，mm^2。

3. 强度

强度是指金属材料抵抗塑性变形和断裂的能力，强度大小用应力表示。当零件承受拉力时，强度特性指标主要为屈服强度（σ_s）和抗拉强度（σ_b）。

1）屈服强度

在应力—应变曲线上，当应力达到 S 点时，图形出现水平（有微小波动）阶段。在此阶段内，应力虽然没有增加，但试件变形仍自动增长，此时试件增长得很快，如果试件表面光滑，则在表面上可看到大约与试件轴线成 45° 的线条，它是由于试件晶格发生滑移出现的滑移线，这种应力不增加，但试件变形仍自动增加的现象称为屈服。屈服时的应力称为材料的屈服应力，或称屈服强度，即：

$$\sigma_s = F_s / A_0$$

式中　F_s——材料屈服时的最小载荷，N；

　　　　A_0——试件的原始横截面面积，mm^2；

　　　　σ_s——屈服强度，MPa。

有许多金属或者合金材料并没有明显的屈服现象，其屈服点很不容易测定，工程上常以材料受外力作用时产生 0.2% 残余变形的应力作为该材料的屈服强度，常称条件屈服强度，用 $\sigma_{0.2}$ 表示。

2）抗拉强度

材料经过屈服点后，其变形抗力增大，这种现象称为强化。当材料变形达到 b 点时（如图 1－10 所示），试件所受抗力最大，按试件的原始横截面面积计算应力也是最大的，此时的应力称为抗拉强度，即材料在断裂前所能承受的最大应力。

$$\sigma_b = F_b / A_0$$

式中　F_b——材料屈服阶段后所能抵抗的最大力，N；

　　　A_0——试件的原始横截面面积，mm^2；

　　　σ_b——抗拉强度，MPa。

当应力达到抗拉强度时，试件某一部分的横截面面积显著缩小，此后，试件的变形主要集中在该处，故抗拉强度通常被作为零件因断裂失效的设计依据。

4. 金属的塑性与变形抗力

1）金属的塑性及塑性指标

塑性是指金属在外力作用下能稳定地产生永久变形而不破坏其完整性的能力。塑性是相对的，塑性不仅与材料本身的性质有关，还与变形方式和变形条件有关。所以，材料的塑性不是固定不变的，不同的材料在同一变形条件下会有不同的塑性，而同一种材料在不同的变形条件下也会表现不同的塑性。塑性反映金属的变形能力，是金属的一种重要加工性能。例如，通常情况下铅的塑性很好，但在三向拉伸应力状态下却表现出很大的脆性；而大理石和红砂石这样的脆性材料在特殊的三向压应力装置中却表现出很好的塑性。

金属塑性变形
力学基础

塑性指标是衡量金属在一定条件下塑性高低的数量指标，它是以材料开始破坏时的塑性变形量来表示的，可通过拉伸或压缩试验方法测定。常用的塑性指标有以下几种。

拉伸试验所得的伸长率：

$$\delta = \frac{L_k - L_0}{L_0} \times 100\%$$

断面收缩率：

$$\psi = \frac{A_0 - A_k}{A_0} \times 100\%$$

式中　L_0——拉伸试样的原始标距长度；

　　　L_k——拉伸试样破断后标距间的长度；

　　　A_0——拉伸试样的原始断面积；

　　　A_k——拉伸试样破断处的断面积。

2）变形抗力

塑性成形时，使金属发生变形的外力称为变形力，而金属抵抗变形的反作用力称为变形抗力。变形力和变形抗力大小相等、方向相反。变形抗力一般用单位接触面积上的反作用力来表示。在某种程度上，变形抗力反映了材料变形的难易程度，它的大小不仅取决于材料的流动应力，而且还取决于塑性成形时的应力状态、摩擦条件以及变形体的几何尺寸等因素。

塑性和变形抗力是两个不同的概念，前者反映塑性变形的能力，后者反映塑性变形的难易程度，它们是两个独立的指标。人们通常认为塑性好的材料变形抗力低，塑性差的材料变

形抗力高，但实际情况并非如此，如奥氏体不锈钢在室温下可经受很大的变形而不被破坏，说明这种钢的塑性好，但变形抗力却很高。

知识点三　应力状态图与应变状态图

1. 一点的应力状态

一点的应力状态是指通过变形体内某点的微元体所有截面上应力的有无、大小、方向等情况。如图 1 – 12 （a） 所示受力物体中任意一点 Q，用微分面切取一个正六面体，微六面体各面素与坐标平面平行，每个面素上的应力矢量可以分解为与坐标轴平行的 3 个分量：一个正应力和两个剪切应力。3 个微分面上共有 9 个应力分量，如图 1 – 12 （b） 所示。因此，一点的应力状态可用 9 个应力分量（3 个正应力，6 个剪切应力）来表示。由于微元体处于平衡状态，没有转动，根据剪切应力互等定理：$\tau_{xy} = \tau_{yx}$，$\tau_{yz} = \tau_{zy}$，$\tau_{zx} = \tau_{xz}$，实际上只需要 6 个应力分量，即 3 个正应力和 3 个剪切应力就可以确定该点的应力状态。

对于任何一种应力状态，总是存在这样一组坐标系，使得单元体各表面只有正应力而无切应力，如图 1 – 12 （c） 所示，这样应力状态的表示将大大简化。切应力为零的平面称为主平面，与主平面垂直的各轴线称为主轴，作用在主平面上的正应力称为主应力（一般用 σ_1、σ_2、σ_3 表示），以主应力表示的应力状态称为主应力状态，表示主应力有无与方向的图形称为主应力状态图。在塑性变形过程中，可能出现的主应力状态图共有 9 种，如图 1 – 12 （d） 所示。

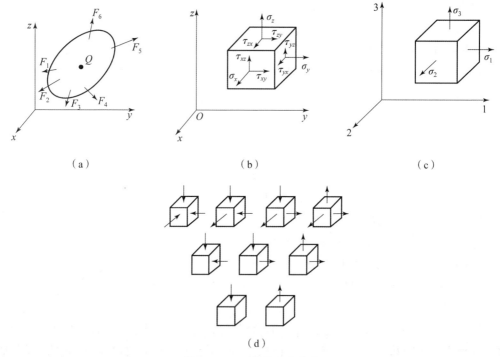

图 1 – 12　一点的应力状态

（a）受力物体；（b）任意坐标系；（c）主轴坐标系；（d）9 种主应力状态图

2. 一点的应变状态

变形体内存在应力必然产生应变。通常用应变状态来描述点的变形情况，一点的应变状态与一点的应力状态类似。应变也有正应变和切应变之分，当采用主轴坐标系时，单元体上也只有三个主应变分量 ε_1、ε_2、ε_3。

金属材料在发生塑性变形时，体积变化很小，可以忽略不计。因此，一般认为金属材料在塑性变形时体积不变，可证明 $\varepsilon_1 + \varepsilon_2 + \varepsilon_3 = 0$。由此可见，塑性变形时，三个主应变分量不可能全部同号，只可能有三向和两向应变状态，不可能有单向应变状态。其主应变状态图只有三种，如图 1-13 所示。

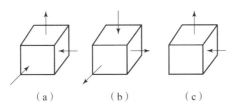

（a）　　　　　（b）　　　　　（c）

图 1-13　三种主应变状态图

3. 金属塑性变形时的屈服准则

金属材料单向拉伸时，由于质点处于单向应力状态，只要单向拉伸应力达到材料的屈服极限，该质点即进入塑性状态。在多向应力状态时，显然就不能仅用某一应力分量来判断质点是否进入塑性状态，必须同时考虑其他应力分量。研究表明，只有当各应力分量之间符合一定的关系时，质点才进入塑性状态，这种关系称为屈服条件或屈服准则，也称塑性条件或塑性方程。

1）屈雷斯加（H. Tresca）屈服准则

屈雷斯加于 1864 年提出：当材料中的最大剪切应力达到某一定值时，材料即发生屈服。因此，该准则又称为最大剪应力屈服准则。其数学表达式为

$$\tau_{max} = \frac{1}{2}(\sigma_{max} - \sigma_{min}) = K$$

当满足 $\sigma_1 \geqslant \sigma_2 \geqslant \sigma_3$ 时，上式可写成：

$$\tau_{max} = \frac{1}{2}(\sigma_1 - \sigma_3) = K$$

需要注意的是，屈雷斯加准则中并未考虑中间主应力的影响。

2）米塞斯（von Mises）屈服准则

米塞斯于 1913 年提出了另一个屈服准则：当材料中的等效应力达到某一定值时，材料就开始屈服。由单向拉伸试验可确定该值，该值为材料的屈服点 σ_s。其数学表达式为

$$\sigma_i - \sqrt{\frac{1}{2}\left[(\sigma_1 - \sigma_2)^2 + (\sigma_2 - \sigma_3)^2 - (\sigma_3 - \sigma_1)^2\right]} = \sigma_s$$

即

$$(\sigma_1 - \sigma_2)^2 + (\sigma_2 - \sigma_3)^2 + (\sigma_3 - \sigma_1)^2 = 2\sigma_s^2$$

大量试验表明，绝大多数金属材料，米塞斯准则较屈雷斯加准则更接近于试验数据。这两个屈服准则实际上相当接近，在有两个主应力相等的应力状态下两者还是一致的。为了使用上的方便，工程上常用屈服准则通式来判别变形状态：

$$\sigma_1 - \sigma_3 = \beta\sigma_s$$

式中　σ_1，σ_3，σ_s——最大主应力、最小主应力和屈服应力。

β——与中间主应力 σ_2 有关的系数（应力状态系数），其值 $\beta = 1 - 1.155$。

4. 金属塑性变形时的应力应变关系

弹性变形阶段，应力与应变之间的关系是线性的、可逆的，与加载历史无关；而塑性变形阶段，应力与应变之间的关系则是非线性的、不可逆的，与加载历史有关。应变不仅与应力大小有关，而且还与加载历史有着密切的关系。

目前，常用的塑性变形的应力与应变关系主要有两大理论：增量理论，认为应力状态确定的不是塑性应变分量的全量而是它的瞬时增量；全量理论，认为在简单加载（即在塑性变形发展的过程中，只加载，不卸载，各应力分量一直按同一比例系数增长，又称比例加载）条件下，应力状态可确定塑性应变分量。由于增量理论在实际应用中有一定不便，故在此主要介绍全量理论。

全量理论认为在简单加载条件下，塑性变形的每一瞬间，主应力差与主应变差成比例：

$$\frac{\varepsilon_1 - \varepsilon_2}{\sigma_1 - \sigma_2} = \frac{\varepsilon_2 - \varepsilon_3}{\sigma_2 - \sigma_3} = \frac{\varepsilon_3 - \varepsilon_1}{\sigma_3 - \sigma_1} = 常数$$

式中　ε_1，ε_2，ε_3——主应变；

　　　σ_1，σ_2，σ_3——主应力。

了解塑性变形时的应力、应变关系有助于分析冲压成形时板材的应力与应变。通过对塑性变形时应力、应变关系的分析，可得出以下结论：

（1）应力分量与应变分量符号不一定一致，即拉应力不一定对应拉应变，压应力不一定对应压应变。

（2）某方向应力为零，其应变不一定为零。

（3）在任何一种应力状态下，应力分量的大小与应变分量的大小次序是相对应的，即 $\sigma_1 > \sigma_2 > \sigma_3$，则有 $\varepsilon_1 > \varepsilon_2 > \varepsilon_3$。

（4）若有两个应力分量相等，则对应的应变分量也相等，即若 $\sigma_1 = \sigma_2$，则有 $\varepsilon_1 = \varepsilon_2$。

知识点四　影响金属塑性的主要因素

金属塑性变形
影响因素

影响金属塑性的主要因素有两类，一类是源于变形金属本身的内在因素，如晶格类型、化学成分和组织状态；另一类是来自于变形时的外部条件，如变形温度、变形速度和变形的力学状态等。因此，只要有合适的内、外部条件，就有可能改变金属的塑性行为。

1. 化学成分和组织状态对塑性的影响

化学成分和组织状态对塑性的影响非常明显也很复杂，下面以钢为例来说明。

1）化学成分的影响

在碳钢中，铁和碳是基本元素。在合金钢中，除了铁和碳外还包含硅、锰、铬、镍、钨等元素。在各类钢中还含有一些杂质，如磷、硫、氮、氢、氧等。

碳对钢的性能影响最大。碳能固溶到铁里形成铁素体和奥氏体固溶体，它们都具有良好的塑性和低的变形抗力。当碳的含量超过铁的溶碳能力时，多余的碳便与铁形成具有很高的硬度而塑性几乎为零的渗碳体，对基体的塑性变形起阻碍作用，降低塑性，提高强度。可见含碳量越高，碳钢的塑性成形性能就越差。

合金元素加入钢中，不仅改变了钢的使用性能，而且改变了钢的塑性成形性能，其主要的表现形式为：塑性降低，强度提高，变形抗力也提高。这是由于合金元素溶入固溶体（α-铁和γ-铁），使铁原子的晶格点阵发生不同程度的畸变；合金元素与钢中的碳形成硬而脆的碳化物（碳化铬、碳化钼、碳化钨等）；合金元素改变钢中相的组成，造成组织的多相性。这些都会导致钢的强度提高、塑性降低。

杂质元素对钢的塑性变形一般都有不利的影响。磷溶入铁素体后，使钢的强度、硬度显著增加，塑性、韧性明显降低。在低温时，造成钢的冷脆性。硫在钢中几乎不溶解，与铁形成塑性低的易溶共晶体 FeS，热加工时出现热脆开裂现象。钢中溶氢，会引起氢脆现象，使钢的塑性大大降低。

2）组织状态的影响

一定化学成分的钢，其组织状态不同，塑性亦有很大区别。

属于单相系的纯金属和固溶体比多相系的塑性要好，其原因是单相系晶体具有较均匀的力学性能，晶间物质是较细的夹层，且少见易熔的夹杂物、共晶体或低强度的脆性相等。而两相以上的多相系合金的塑性较差，原因是各相的特性及晶粒的大小、形状和显微组织的分布状况等参差不齐，因而使塑性降低；单相组织的塑性比多相组织好，而多相组织中相与相之间性能差越小越好。若两相变形性能相近，则其组合体的塑性介于两相之间；若一塑性相与一脆性相组合，则变形主要在塑性相进行，脆性相起阻碍变形的作用。

晶粒的细化有利于提高金属的塑性，但同时也提高了变形抗力。原因在于一定的体积内细晶粒的数目比粗晶数目要多，塑性变形时有利于滑移的晶粒就较多，变形均匀地分散在更多的晶粒内，另外晶粒越细，晶界面越曲折，对微裂纹的传播越不利；另一方面晶粒越多，晶界也越多，滑移变形时位错移动到晶界附近将会受到阻碍并堆积，若要位错穿过晶界，则需要很大的外力，塑性变形抗力提高。

2. 变形温度对金属塑性的影响

变形温度对金属及合金的塑性有很大的影响。就多数金属及合金而言，随着温度的升高，塑性提高，强度降低，变形抗力减小。其原因如下。

（1）温度升高，发生回复和再结晶。回复使金属的加工硬化得到一定程度的消除，再结晶能完全消除加工硬化，从而使金属的塑性提高、变形抗力降低。

（2）温度升高，原子热运动加剧，动能增大，原子间结合力减弱，使临界切应力降低，不同滑移系的临界切应力降低速度不一样。因此，在高温下可能出现新的滑移系。滑移系越多，金属的塑性越好。

（3）温度升高，晶界强度下降，使得晶界的滑移容易进行。同时，由于高温下扩散作用加强，故使晶界滑移产生的缺陷得到愈合。

由于金属及合金的种类繁多，故上述结论并不能概括各种材料的塑性和变形抗力随温度的变化情况，可能在温升过程中的某些温度区间，某些合金的塑性还会出现降低现象，所以很难用一种简单的模式来概括全貌。

3. 变形速度对金属塑性的影响

所谓变形速度是指单位时间变形物体应变的变化量，塑性成形设备的加载速度在一定程度上反映了金属的变形速度，它对塑性的影响比较复杂。

热效应和温度效应，塑性变形体所吸收的能量将转化为弹性变形位能和塑性变形热能。这种塑性变形过程中变形能转化为热能的现象，称为热效应。塑性变形产生的热能一部分散发到周围介质中，其余部分将使变形体温度升高。这种由于塑性变形过程中产生的热量使变形体温度升高的现象，称为温度效应。变形速度对塑性的影响实质上是变形热效应在起作用，因为使金属产生塑性变形的能量将消耗于弹性变形和塑性变形。消耗于弹性变形的能量造成物体的应力状态，而消耗于塑性变形的能量绝大部分转化为热，当部分热量来不及向外扩散而停留于变形体内部时，会促使金属的温度升高。

一方面，变形速度提高，加工硬化增加，金属塑性降低。这是由于加工硬化及位错受阻而形成内裂所引起的，此阶段虽然也发生了可促进软化的热效应现象，但加工硬化发生的速度超过软化进行的速度，塑性降低效应大于温度效应引起的塑性增加效应。另一方面，变形速度增加，由于温度效应显著，其引起的塑性增加基本抵消了加工硬化所引起的塑性降低，所以使塑性不再随变形速度的增加而降低。在变形速度很大时，由于温度效应的显著作用，使加工硬化得到全面消除，而且变形的扩散机制也参与作用，加上位错能借攀移而重新启动，变形金属塑性上升的速度完全超过了变形硬化造成的塑性下降速度，而使金属的变形抗力降低、塑性提高。

常规的材料成形设备工作速度都较低，对金属塑性变形的性能影响不大。考虑变形速度因素主要基于零件的尺寸和形状，对大型复杂的零件成形，变形量大且极不均匀，易引起局部拉裂和起皱，为了便于塑性变形的扩展，有利于金属的流动，宜采用低速的压力机或液压机；小型零件的成形，一般不考虑变形速度对塑性和变形抗力的影响，主要从生产效率来考虑。

4. 应力状态对金属塑性的影响

应力状态即变形体中某立方微元体三个面上的应力大小和方向。如果微元体三个面的法线方向和三个主方向相同，则三个面上表示的是主应力，称为主应力图。习惯上用主应力图来定性表示变形体的应力状态。

应力状态不同对塑性的影响也不同，通常主应力图中的压应力个数越多，且数值越大，即静水压力越大，则金属的塑性越好；反之，拉应力个数越多，数值越大，即静水压力越小，则金属的塑性越差。实践证明，单向压缩可达到的变形程度比单向拉伸大许多；三向压应力状态的挤压比二向压缩、一向拉伸的拉拔更有利于材料塑性的发挥；同样是三向压应力状态的镦粗和挤压变形，后者的塑性好，这是因为其压应力数值比前者大。所以，在主应力图 1-14 中，左上角中 1 的三向压应力状态塑性最好，右上角中 9 的三向拉应力状态塑性最差。

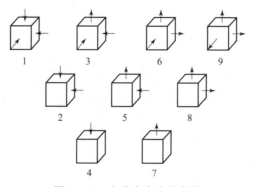

图 1-14　九种主应力状态图

5. 摩擦与润滑的影响

当金属塑性成形时，它的某些表面必然要与工具表面接触并相对移动，因此，接触摩擦不可避免。

摩擦力和材料的变形抗力一样，是变形流动阻力的必然组成部分，因此调节摩擦是控制流动阻力最常用、最主要的手段之一。凡需加大流动阻力的地方，就应增大摩擦；凡需降低阻力的地方，就应减小摩擦。

接触摩擦将造成材料变形的困难区，使材料各部分的变形更加不均匀，从而降低塑性。此外，接触摩擦会增大变形力和变形功，容易引起表面划伤。为了降低表面摩擦的不利影响，就需要在材料和工具的接触面上涂以适宜的润滑剂，或降低工具表面的表面粗糙度，也可以使零件表面具有适宜的表面状态。

涂以适宜的润滑剂是降低摩擦因数的最有效途径。润滑剂的化学成分要与变形体表面和工具表面有较好的结合力，这样才能使变形体和工具之间的摩擦被润滑剂的内摩擦所替代，润滑效果才会好。此外，还需要润滑剂对人体无害、无腐蚀、易清除、易保管、不变质、供应方便。

知识点五　板料的冲压成形性能

板料的冲压成形性能是指板料对各种冲压加工方法的适应能力，如便于加工，容易得到高质量和高精度的冲压件，生产效率高，不易产生废品等。板料的冲压成形性能是一个综合性的概念，冲压件能否成形和成形后的质量取决于成形极限（抗破裂性）、贴模性和定形性。

（1）成形极限是指板料成形过程中能达到的最大变形程度，在此变形程度下材料不发生破裂。可以认为，成形极限就是冲压成形时，材料的抗破裂性。板料的冲压成形性能越好，板料的抗破裂性也越好，其成形极限也就越高。

（2）贴模性指板料在冲压成形过程中取得与模具形状一致的能力。

（3）定形性指冲压件脱模后保持模具既得形状和尺寸的能力。

板料的贴模性和定形性是决定工件形状和尺寸精度的重要因素。影响贴模性的因素包括成形过程发生的起皱、塌陷和鼓起等；影响定形性的最主要因素是回弹，零件脱模后，常因回弹过大而产生较大的形状误差。

1. 板材冲压成形试验方法

板料冲压成形性能试验方法通常包括两种类型：间接试验（力学试验和金属学试验）和直接试验（工艺试验、模拟试验）。其中常用的力学性能试验有单向拉伸试验和双向拉伸试验，用以测定板料的力学性能指标，而这些指标与冲压成形性能有着密切的关系；金属学试验用以测定材料的硬度、化学成分、晶粒度和表面粗糙度等。工艺试验，是用模拟生产实际中的某种冲压成形工艺方法测出相应的工艺参数，试件的应力状态和变形特点与相应的冲压工艺基本一致，试验结果能反映出金属板料对该种冲压工艺的成形性能。例如反复弯曲试验、胀形性能试验和拉深性能试验等。

板料拉伸实验

2. 金属板料的力学性能与冲压成形性能的关系

金属板料的力学性能是用板料试样通过单相拉伸试验求得的，即在待试验板料的不同部位和方向上截取试样，按标准制成如图 1 – 3 所示的拉伸试样，然后在万能材料试验机上进行拉伸。根据试验结果或利用自动记录装置，可得到如图 1 – 15 所示应力与应变之间的关系

曲线，即板料拉伸试验曲线。

通过拉伸试验可测得板料的各项力学性能指标。板料的力学性能与冲压成形性能有很紧密的关系，可从不同角度反映板材的冲压成形性能。一般而言，板料的强度指标越高，产生相同变形量的力就越大；塑性指标越高，成形时所能承受的极限变形量就越大；刚度指标越高，成形时抵抗失稳起皱的能力就越大。现就其中较为重要的几项指标说明如下：

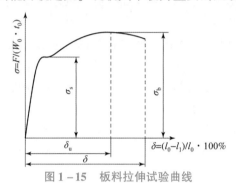

图 1-15　板料拉伸试验曲线

1）屈服极限 σ_s

试验表明，屈服极限 σ_s 小，材料容易屈服。同时，变形抗力小，成形后回弹小，贴模性和定形性能好。但在压缩类变形时容易起皱。

2）屈强比 σ_s/σ_b

屈强比 σ_s/σ_b 对板料冲压成形性能影响较大，σ_s/σ_b 小，板料由屈服到破裂的塑性变形阶段长（变形区间大），有利于冲压成形，且成形曲面零件时容易获得较大的拉应力，使零件形状得以稳定（冻结），减少回弹。故较小的屈强比，回弹小，定形性较好。

3）总伸长率 δ 与均匀伸长率 δ_b

δ 是在拉伸试验中试样被拉断时的伸长率，称为总伸长率，简称伸长率；δ_b 是在拉伸试验开始产生局部集中变形（刚出现细颈）时的伸长率，称为均匀伸长率。δ_b 表示材料产生均匀或稳定的塑性变形的能力。一般情况下，冲压成形都在板材的均匀变形范围内进行，故 δ_b 对冲压成形性能有较为直接的意义。在伸长类变形工序中，如圆孔翻边、胀形等工序，δ_b 越大，则极限变形程度越大。

4）硬化指数 n

大多数金属板材的硬化规律接近于幂函数 $\sigma = C\varepsilon^n$ 关系，可用指数 n 表示其硬化性能。n 值越大的材料，加工硬化效应严重，真实应力增大。在伸长类变形中，n 值大，变形抗力增长大，从而使变形均匀化，具有扩展变形区、减小毛坯局部变薄和增大极限变形程度等作用。尤其是对于复杂形状的曲面类零件的拉深成形工艺，当毛坯中间部分的胀形区域较大时，n 值的上述作用对冲压性能的影响更为显著。

5）板厚方向性系数 γ

板厚方向性系数 γ 是指板料试样单向拉伸试验时，宽向应变 ε_b 与厚向应变 ε_t 之比（又称塑性应变比），表达式为

$$\gamma = \varepsilon_b/\varepsilon_t$$

γ 值的大小反映平面方向和厚度方向变形难易程度的比较，γ 值越大，则在板平面方向上越容易变形，而厚度方向上较难变形，这对拉深成形是很有利的。例如，在曲面零件拉深

成形时，板料的中间部分在拉应力作用下，厚度方向上变形比较困难，即变薄量小，而在板平面内与拉应力相垂直的方向上的压缩变形比较容易，则板料中间部分起皱的趋向低，有利于拉深的顺利进行和工件质量的提高。同样，在用 r 值大的板料进行筒形件拉深时，筒壁在拉应力作用下不易变薄、不易拉破，而凸缘区的切向压缩变形容易，起皱趋势降低，压料力减小，反过来又使筒壁拉应力减小，使筒形件的拉深极限变形程度增大。

由于板料轧制时的方向性，在板平面各方向的 γ 值是不同的，因此，采用 γ 值应取各方向的平均值，即

$$\bar{r} = \frac{r_0 + r_{90} + 2r_{45}}{4}$$

式中　γ_0，γ_{45}，γ_{90}——板料在纵向、横向和45°方向上的板厚方向性系数。

6）板平面各向异性系数 $\Delta\gamma$

板料经轧制后其力学、物理性能在板平面内出现各向异性，称为板平面各向异性系数。方向性越明显，对冲压成形性能的影响就越大。例如弯曲，当弯曲件的折弯线与板料的纤维方向垂直时，允许的极限变形程度就大，而折弯线平行于纤维方向时，允许的极限变形程度就小，方向性越明显，降低量越大。又如筒形拉深件中，由于板平面方向性使拉深件口部不齐，出现"凸耳"，方向性越明显，则"凸耳"的高度越大。板平面各向异性系数 $\Delta\gamma$ 可用板厚方向性系数 γ 在沿轧制纹0°方向的 γ_0、45°方向的 γ_{45} 和90°方向的 γ_{90}（分别取其试样试验）的平均差别来表示，即

$$\Delta r = \frac{r_0 + r_{90} - 2r_{45}}{2}$$

由于板平面各向异性系数对冲压变形和制件的质量都是不利的，所以在生产中应尽量设法降低板材的 $\Delta\gamma$ 值。

【任务实施】

板料拉伸试验任务实施过程见表 1 – 5。

表 1 – 5　板料拉伸试验任务实施过程

序号	实施项目	操作步骤	实施要点	备注
1	准备工作	试件准备：低碳钢和铝合金试验件		
2		试验仪器： （1）液压万能材料试验机； （2）钢直尺一把； （3）游标卡尺一把		

续表

序号	实施项目	操作步骤	实施要点	备注
3		检查试样表面有无显著刀痕、机械缺陷和肉眼可见的冶金缺陷；然后测量试样直径，测定标距 $L_0 = 40$ mm 并打上标记，在标记以内测量三次直径 d，以三次的平均值作为该试件实验前的直径，做好记录		
4		了解实验机型号、工作原理、操作规程，检查机器各部分是否正常，然后将工作/夹紧按钮扳到夹紧状态，将试样安装在试验机的上、下钳口内		
5	任务实施	将计算机上所有数据清零，将"工作/夹紧"按钮扳到工作状态，开动机器，缓慢送油，此时试样被拉长，计算机上将会绘制出负荷与伸长的对应曲线，直至拉断试样，即试样的拉伸曲线图		
6		试样拉断后，按下"停机"按钮，将"工作/夹紧"按钮扳到夹紧状态，取下试样。将已断的试样接合，用游标卡尺测量断口处最小直径 d_1（在断口两个垂直方向各测一次，取平均值）和标距长度 L_1，并分别将实训的结果记录填入实训报告表内		
7		根据实验所测数据和试样已知数据值，填写试验数据表 1–6 和表 1–7，并分析低碳钢、铝合金的拉伸应力—应变曲线图		
8		填写试验报告并提交		
9	任务结束	清理、保养设备，清扫工作场地		
10		清点工具和量具，并摆放整齐		
11		保持工作场地整洁、卫生，做到安全文明生产		

低碳钢及铝合金的拉伸试验数据表分别见表 1–6 和表 1–7。

表 1–6　低碳钢拉伸试验数据表

初始截面积 A_0/mm^2	初始标距 L_0/mm	屈服强度 σ_s/MPa	抗拉强度 σ_b/MPa	断后伸长率 $\delta/\%$	断裂强度 σ_f/MPa

表 1-7 铝合金拉伸试验数据表

初始截面积 A_0/mm^2	初始标距 L_0/mm	屈服强度 σ_s/MPa	抗拉强度 σ_b/MPa	断后伸长率 $\delta/\%$	断裂强度 σ_f/MPa

注意事项：如出现下列情况之一，则结果无效，应重做。

（1）在标距标记上或标距外断裂。

（2）试样出现两个或两个以上缩颈。

（3）操作中记录有误或设备、仪器发生故障。

（4）试样断口处有内部缺陷。

【任务评价】

根据表 1-8 所示评价标准，对任务完成情况进行评价和总结。

表 1-8 金属材料拉伸试验任务评价标准

序号	评价项目	评价内容	配分	评分标准		学员互评（40%）	教师评价（60%）	备注
				合格	超差			
1	专业能力	初始截面及断后截面积测量	10	10	8			
2		初始标距及断后标距测量	15	15	10			
3		屈服强度 σ_s	15	15	10			
4		抗拉强度 σ_b	15	15	10			
5		断后伸长率 δ	15	15	10			
6	职业素养	严格遵守操作规程，严禁违规作业	10	视违反规定严重性扣除分值				
7		团队合作意识，互相协作良好	10	视情况附分，优秀者可增值附分				
8		态度端正严谨，绿色环保，不造成材料浪费	10	视情况附分，优秀者可增值附分				

【思考与练习】

（1）什么是冲压加工？冲压工序分哪两类？

（2）什么是钣金加工？飞机上哪些零件属于钣金加工零件？

（3）板料成形性的基本要求是什么？

（4）常见的晶格结构有几种？分别是什么？

（5）什么是金属的塑性？常见的塑形指标是什么？

（6）影响金属塑性的主要因素有哪些？

（7）一点的主应力状态有几种？分别用图表示。

（8）一点的主应变状态有几种？分别用图表示。

（9）板料拉伸试验，获得的力学性能指标是什么？

拓展阅读

梁炳文　北京航空航天大学教授　钣金冲压专业的奠基人

1952年教研室五位北航建院元老
右起：唐荣锡、梁炳文、许建斌、刘龄德、孙世长

出生于1913年，河南舞阳人，北京航空航天大学教授。1934年，北京市首届高中毕业会考第一名，同年考入交通大学唐山工程学院结构专业，1938年入重庆中央大学接受航空工程教育。

20世纪40年代，历任飞机制造厂车间主任、航空研究院研究员、西北工学院航空系教授。1944年曾任B29轰炸机川西基地英语翻译；1945年赴我国台湾地区接收日本侵略华中、华南和南洋的高雄军事基地岗山航空厂。19世纪50年代任清华大学航空系、北京航空学院和北京航空航天大学教授。1986年退休。北京航空学院建校初期，负责创建飞机制造专业，"钣金冲压成形"是其专业的一门主课，在国内没有此类书籍，也无专业统一名词的情况下，先后编写和翻译专业书籍二十余部，作为中专、大学本科与研究生的教材和参考书，奠定了国内钣金冲压专业的基础，统一了国内专业名词，其中译著《金属压力加工原理》的出版使得国内首次有了"压力加工"这一名词，是国内公认的钣金冲压专业的奠基人。培养研究生二十多名，在国内外发表论文五十余篇。基于流体力学、热传导和电磁模拟理论，确定不规则压延件毛料外形、过波形状、流线、滑移线、应力分布和压力变化曲线的方法，解决了国内外该领域的难题。

梁炳文著作

梁炳文教授曾翻译过《冷压技术》《板料压制法图解》《金属压力加工原理》《冷压原理》四种俄文教材。

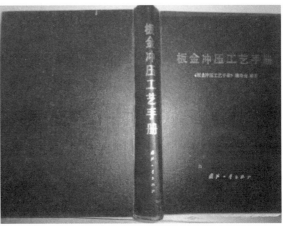

任务二

冲裁件成形

【任务导言】

冲裁是利用冲压设备和模具使板料分离或部分分离，以获得零件和毛坯的一种冲压工序，它属于钣金分离工艺方法中的一种。我们通常所说的冲裁是指普通冲裁，包括落料、冲孔、切口、剖切、修边等，其中落料、冲孔应用最多。冲裁所使用的模具称为冲裁模，如落料模、冲孔模、切边模、冲切模等。冲裁在生产中使用广泛。

【任务内容】

冲裁变形分析、冲裁模具间隙的确定、凸模与凹模刃口尺寸的计算、工艺冲裁力的选择、排样设计、冲裁件工艺分析和冲裁模具结构等。

冲裁过程如图 2 - 1 所示。

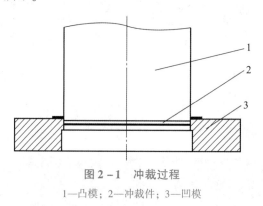

图 2 - 1 冲裁过程

1—凸模；2—冲裁件；3—凹模

【学习目标】

（1）理解冲裁时板料的变形过程；

（2）了解冲裁件的断面特征；

（3）掌握冲裁过程中工艺参数的选取；

（4）掌握冲裁件成形过程中的工艺性分析；

（5）熟悉冲裁成形过程中的排样设计；

（6）掌握冲裁模具的选择及应用；

（7）培养严谨求实的求学态度，树立知行合一的规范意识；

（8）养成绿色环保的生产意识、能工巧匠的细敏之心。

【任务描述】

（1）冲裁成形过程中，要加工如图2-2所示冲裁件的形状和尺寸，如何确定合理冲裁工艺方案，并分析加工过程中所用的模具结构。

如图2-2所示开口垫片，材料为08F钢，采用复合模冲裁，用单配加工法计算冲孔凸模、落料凹模工作部分尺寸，并画出凸模、凹模及凸凹模工作部分简图。

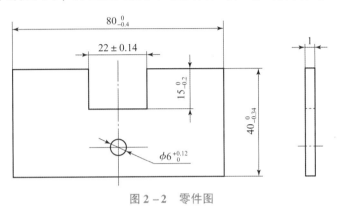

图2-2 零件图

（2）零件图的技术要求如下：

①材料：08F钢板，厚度 $t=1$ mm。

②未注公差 IT13 级。

③零件表面平整，无压伤、划痕等缺陷。

【任务引导】

引导问题一：当凸模、凹模之间的间隙设计合理时，冲裁过程的三个阶段分别是什么？

引导问题二：冲裁成形过程中，冲裁间隙如何确定？冲裁模刃口尺寸的计算方法是什么？

引导问题三：冲裁力的计算及降低冲裁力的方法是什么？

引导问题四：在冲裁成形过程中，冲裁模具应如何选择？

【知识学习】

知识点一 冲裁变形分析

1. 冲裁时板料的变形过程

冲裁是分离变形的冲压工序。板料的分离是瞬间完成的，冲裁变形过程大致可分成三个阶段，如图2-3所示。

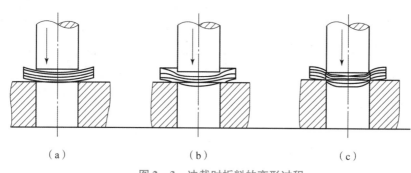

冲裁变形过程

冲裁变形的
三个阶段

图2-3 冲裁时板料的变形过程
(a) 弹性变形阶段；(b) 塑性变形阶段；(c) 断裂分离阶段

1）弹性变形阶段

当凸模开始接触板料并下压时，板料发生弹性压缩和弯曲，板料略有挤入凹模洞口的现象。此时，以凹模刃口轮廓为界，轮廓内的板料向下拱弯，轮廓外的板料则上翘。凸、凹模间隙越大，拱弯和上翘越严重。在这一阶段，若板料内部的应力没有超过弹性极限，则凸模卸载后，板料立即恢复原状。

2）塑性变形阶段

随着凸模继续下压，当内应力达到屈服点时，板料进入塑性变形阶段。凸模切入板料，板料被挤入凹模洞口，在剪切面的边缘，由于凸、凹模间隙存在而引起弯曲和拉伸作用，形成塌角面，同时由于剪切变形，在切断面上形成光亮且与板面垂直的断面。随着凸模的继续下压，应力不断加大，材料的变形程度便不断增加，直到应力达到板料抗剪强度，凸模和凹模刃口处的金属开始出现裂纹，塑性变形阶段结束。

3）断裂分离阶段

当板料的应力达到抗剪强度后，凸模继续下压，凸、凹模刃口附近产生微裂纹不断向板料内部扩展，当上下裂纹重合时，板料便实现了分离。由于拉断结果，断面上形成一个粗糙的区域。凸模继续下行，已分离的材料克服摩擦阻力从板料中推出，完成整个冲裁过程。

2. 冲裁件断面质量

由于冲裁变形的特点，故冲裁件断面可明显分成四个特征区，即圆角带、光亮带、断裂带和毛刺，如图2-4所示。

圆角带产生在板料不与凸模或凹模相接触的一面，是由于板料受弯曲、拉伸作用而形成的。材料塑性越好，凸、凹模之间间隙越大，则形成的圆角也越大。

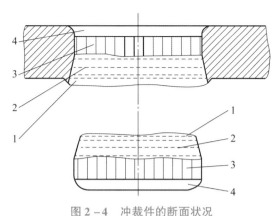

图 2 - 4 冲裁件的断面状况

1—毛刺；2—断裂带；3—光亮带；4—圆角带

光亮带是由于板料塑性剪切变形所形成的。光亮带表面光洁且垂直于板平面。凸、凹模之间的间隙越小、材料塑性越好，所形成的光亮带高度越高。通常光亮带占全断面的 1/2 ~ 1/3。

断裂带是由冲裁时所产生的裂纹扩张形成的。断裂带表面粗糙，并带有斜度。材料塑性越差，凸、凹模之间的间隙越大，则断裂带高度越高、斜度越大。

毛刺是由于板料塑性变形阶段后期在凸模和凹模刃口附近产生裂纹，由于刃口正面材料被压缩，刃尖部分为高静水压应力状态，使裂纹的起点不会在刃尖处发生，而会在刃口侧面距刃尖不远的地方产生，裂纹的产生点和刃尖的距离称为毛刺的高度。刃尖磨损，刃尖部分高静水压应力区域范围变大，裂纹产生点和刃尖的距离也变大，毛刺高度必然增大，所以普通冲裁产生毛刺是不可避免的。

综上所述，冲裁件的断面不是很整齐的，仅光亮带一段是柱体。若忽略弹性变形的影响，则孔的光亮带柱体尺寸约等于凸模尺寸，而落料件光亮带的柱体尺寸约等于凹模尺寸，由此可得出以下重要的关系式：

$$落料尺寸 = 凹模尺寸$$
$$冲孔尺寸 = 凸模尺寸$$

这是计算凸、凹模刃口尺寸的重要依据。

提高冲裁件断面质量的主要措施是将模具凹、凸模之间的间隙控制在合理范围内，并使间隙均匀分布。同时，对硬质材料，冲裁加工前要进行退火处理，以提高材料的塑性。此外，还可以通过增加整修工序来提高断面质量。

知识点二　冲裁模具间隙

1. 冲裁间隙的定义

冲裁间隙是指冲裁模的凸模和凹模之间的双面间隙，如图 2 - 5 所示。

2. 冲裁间隙的确定

设计制造模具时，选择一个合理的冲裁间隙，可获得冲裁件断面质量好、尺寸精度高、模具寿命长、冲裁力小的综合效果。在生产实际中，一般是以观察冲裁件断面状况来判定冲裁间隙是否合理，即圆角带和断裂带小、光亮带能占整个断面的 1/3 左右、不出现二次光亮带、毛刺高度合理，得到这种断面状况的冲裁间隙就是在合理的范围内。

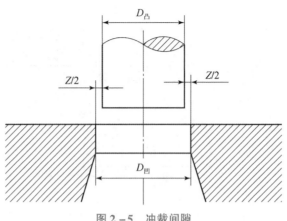

图 2-5 冲裁间隙

1）查表法

在生产实际中，合理间隙值是通过查阅由实验方法所制定的表格来确定的。由于冲裁间隙对断面质量、制件尺寸精度、模具寿命、冲裁力等的影响规律并非一致，所以并不存在一个能同时满足断面质量、模具寿命、尺寸精度及冲裁力要求的绝对合理的间隙值。因此，各行业甚至各工厂所认为的合理间隙值并不一致。一般来讲，取较小的间隙值有利于提高冲裁件的断面质量和尺寸精度，而取较大的间隙值则有利于提高模具寿命、降低冲裁力。表 2-1 列出了电器仪表行业所用的较小初始间隙数值。

表 2-1　冲裁模初始双面间隙值 Z（电器仪表行业用）

材料名称		45 T7、T8（退火） 65Mn（退火） 磷青铜（硬） 铍青铜（硬）		10、15、20、30 钢 硅钢 H62、H65（硬） LY12		Q215、Q235 钢 08、10、15 钢 纯铜（硬） 磷青铜、铍青铜 H62、H68		H62、H68（软） 纯铜（软） L21～LF2 防锈铝 硬铝 LY12（退火） 铜母线、铝母线	
力学 性能	HBS	≥190		140～190		70～140		≤70	
	σ_b/MPa	≥600		400～600		300～400		≤300	
板料厚度 t/mm		始用间隙 Z/mm							
		Z_{min}	Z_{max}	Z_{min}	Z_{max}	Z_{min}	Z_{max}	Z_{min}	Z_{max}
0.3		0.04	0.06	0.03	0.05	0.02	0.04	0.01	0.03
0.5		0.08	0.10	0.06	0.08	0.04	0.06	0.025	0.045
0.8		0.12	0.16	0.10	0.13	0.07	0.10	0.045	0.075
1.0		0.17	0.20	0.13	0.16	0.10	0.13	0.065	0.095
1.2		0.21	0.24	0.16	0.19	0.13	0.16	0.075	0.105
1.5		0.27	0.31	0.21	0.25	0.15	0.19	0.10	0.14

材料名称		45 T7、T8（退火） 65Mn（退火） 磷青铜（硬） 铍青铜（硬）		10、15、20、30 钢 硅钢 H62、H65（硬） LY12		Q215、Q235 钢 08、10、15 钢 纯铜（硬） 磷青铜、铍青铜 H62、H68		H62、H68（软） 纯铜（软） L21～LF2 防锈铝 硬铝 LY12（退火） 铜母线、铝母线	
力学 性能	HBS	≥190		140～190		70～140		≤70	
	σ_b/MPa	≥600		400～600		300～400		≤300	
板料厚度 t/mm		始用间隙 Z/mm							
		Z_{min}	Z_{max}	Z_{min}	Z_{max}	Z_{min}	Z_{max}	Z_{min}	Z_{max}
1.8		0.34	0.38	0.27	0.31	0.20	0.24	0.13	0.17
2.0		0.38	0.42	0.30	0.34	0.22	0.26	0.14	0.18
2.5		0.49	0.55	0.39	0.45	0.29	0.35	0.18	0.24
3.0		0.62	0.65	0.49	0.55	0.36	0.42	0.23	0.29
3.5		0.73	0.81	0.58	0.66	0.43	0.51	0.27	0.35
4.0		0.86	0.94	0.68	0.76	0.50	0.58	0.32	0.40
4.5		1.00	1.08	0.78	0.86	0.58	0.66	0.36	0.45
5.0		1.13	1.23	0.90	1.00	0.65	0.75	0.42	0.52
6.0		1.40	1.50	1.00	1.20	0.82	0.92	0.53	0.63
8.0		2.00	2.12	1.60	1.72	1.17	1.29	0.76	0.88

注：1. Z_{min} 应视为公称间隙。

　　2. 一般情况下，Z_{max} 可适当放大

2）经验法

这是一种比较实用的、易于记忆的确定合理冲裁间隙的方法。其值用下式表达：

$$Z = mt \tag{2-1}$$

式中：Z——合理冲裁间隙；

　　　t——板料厚度；

　　　m——系数，参考数据如下：

软态有色金属：　　　　　　　　　　　　$m = 4\% \sim 8\%$；

硬态有色金属、低碳钢、纯铁：　　　　　$m = 6\% \sim 10\%$；

中碳钢、不锈钢：　　　　　　　　　　　$m = 7\% \sim 14\%$；

高碳钢、弹簧钢：　　　　　　　　　　　$m = 12\% \sim 24\%$；

硅钢：　　　　　　　　　　　　　　　　$m = 5\% \sim 10\%$；

非金属（皮革、石棉、胶布板、纸板等）：$m = 1\% \sim 4\%$。

应当指出，上述系数 m 值是基于常用普通板料冲裁而归纳总结出来的，各行业、各企业对此的选取值是不相同的。在使用过程中还应考虑以下因素：

（1）对于制件断面质量要求高的，其值可取小些；

（2）计算冲孔间隙时比计算落料间隙时的值可取大些；

（3）为减小冲裁力，其值可取大些；

（4）为减少模具磨损，其值可取大些；

（5）计算异形件间隙时比计算圆形件间隙时的值可取大些；

（6）冲裁厚板（$t > 8$ mm）时其值可取小些。

3. 冲裁间隙对冲裁件尺寸精度的影响

冲裁间隙对冲裁件的尺寸精度也有一定影响。在冲裁过程中，当间隙适当时，板料的变形区在比较纯的剪切作用下分离；当间隙过大时，板料除受剪切外，还产生较大的拉伸与弯曲变形；当间隙过小时，除剪切外板料还会受到较大的挤压作用。因此，间隙合理时，冲孔件最接近凸模尺寸，落料件最接近凹模尺寸；间隙偏大，冲孔件尺寸会大于凸模尺寸，落料件尺寸会小于凹模尺寸；间隙过小，冲孔件尺寸会小于凸模尺寸，落料件尺寸会大于凹模尺寸。如图 2-6 和图 2-7 所示，冲裁间隙对冲裁件尺寸精度的影响还与板料的轧制方向有关。

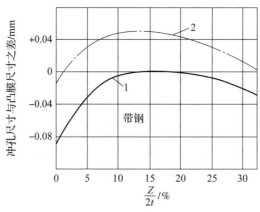

冲裁间隙对冲裁件
质量影响

冲裁间隙过大对断面
质量影响

图 2-6　冲裁间隙对冲孔尺寸精度的影响

1—轧制方向；2—垂直轧制方向

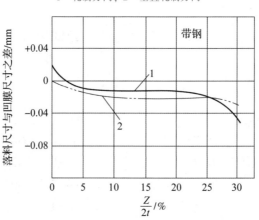

冲裁间隙过小对断面
质量影响

冲裁间隙合理对断面
质量影响

图 2-7　冲裁间隙对落料尺寸精度的影响

1—轧制方向；2—垂直轧制方向

4. 间隙对冲裁工艺力的影响

如图 2 – 8 所示，当间隙减小时，凸模压入板料的情况接近挤压状态，板料所受拉应力减小、压应力增大，板料不易产生裂纹，因此最大冲裁力增大；当间隙增大时，板料所受拉应力增大，材料容易产生裂纹，因此冲裁力迅速减小；当间隙继续增大时，凸、凹模刃口产生的裂纹不相重合，会发生二次断裂，冲裁力下降变缓。

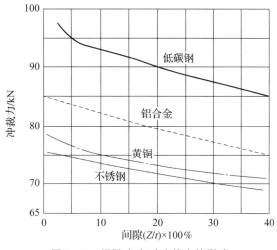

图 2 – 8 间隙大小对冲裁力的影响

如图 2 – 9 所示，当间隙增大时，冲裁件光亮带变窄，落料尺寸小于凹模尺寸，冲孔尺寸大于凸模尺寸，因此卸料力、推件力或顶件力迅速减小；当间隙继续增大时，制件产生较大的拉断毛刺，卸料力、顶件力又会增大。

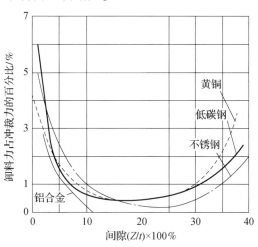

图 2 – 9 间隙大小对卸料力的影响

5. 间隙对模具寿命的影响

冲裁模具的破坏形式主要有磨损、崩刃、折断、啃坏、凹模胀裂等。

冲模的寿命是以冲出合格制品的数量来衡量的，冲裁模两次刃磨之间生产的合格品的数量直接决定模具的总寿命。

当冲裁间隙过小时，冲裁过程中挤压作用加剧，刃口所受压应力增大，造成刃口端面磨

损和变形加剧，同时刃口侧面磨损也增大，使得凸、凹模在冲裁较少的次数下即出现较大的磨损量，为保证冲裁件毛刺正常，必然增加刃磨次数，从而降低了模具的总使用寿命。过小的冲裁间隙还是引起凹模胀裂、啃坏等异常破坏的重要原因之一，这类异常破坏对模具寿命的影响更大。

当冲裁间隙过大时，板料的弯曲拉伸相应增大，同样会加剧凸、凹模端面磨损，且易引起模具崩刃，从而影响模具寿命。

综上所述，合理范围内的冲裁间隙是保证模具寿命最主要的工艺参数。当然影响模具寿命的其他因素还有很多，如模具材料、模具制造精度、模具刃口的粗糙度、制件材料的力学性能、制件结构工艺性等。

知识点三　凸模与凹模刃口尺寸的计算

1. 冲裁模刃口尺寸计算基本原则

模具刃口尺寸
计算实例

若忽略冲裁件的弹性回复，则冲孔件的尺寸等于凸模实际尺寸，落料件的尺寸等于凹模实际尺寸。冲裁过程中，凸、凹模与冲裁件和废料发生摩擦，凸模和凹模会在入体方向磨损变大（小），因此确定凸、凹模工作部分尺寸应遵循下述原则：

1）落料模应先确定凹模尺寸，其基本尺寸应按入体方向接近或等于相应的落料件极限尺寸，此时的凸模基本尺寸按凹模相应尺寸沿入体方向减（加）一个最小合理间隙值 $Z_{\min}$。

2）冲孔模应先确定凸模尺寸，其基本尺寸应按入体反方向接近或等于相应的冲孔件极限尺寸，此时的凹模基本尺寸按凸模相应尺寸沿入体方向加（减）一个最小合理间隙值 $Z_{\min}$。

3）凸模和凹模的制造公差应与冲裁件的尺寸精度相适应，一般比制件的精度高 2 ~ 3 级，且必须按入体方向标注单向公差。

2. 刃口尺寸计算方法

冲裁模工作部分尺寸的计算方法与模具的加工方法有关，刃口尺寸计算方法可分为两种情况。

1）凸模与凹模分别加工法

这种加工法分别规定了凸模和凹模的尺寸及公差，使之可分别进行加工制造，所以凸模和凹模的尺寸及制造公差都对间隙有影响，如图 2 - 10 所示。依据刃口尺寸计算原则可得出下列计算公式。

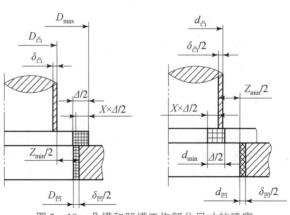

冲裁模刃口
尺寸的确定

图 2 - 10　凸模和凹模工作部分尺寸的确定

落料：

$$D_{凹} = (D_{max} - X\Delta)^{+\delta_{凹}}_0 \qquad (2-2)$$

$$D_{凸} = (D_{凹} - Z_{min})^{-\delta_{凸}}_0 \qquad (2-3)$$

冲孔：

$$d_{凸} = (d_{min} + X\Delta)^{-\delta_{凸}}_0 \qquad (2-4)$$

$$d_{凹} = (d_{凸} + Z_{min})^{+\delta_{凹}}_0 \qquad (2-5)$$

中心距：

$$L_{凹} = L_{中} \pm \Delta/8 \qquad (2-6)$$

式中　$D_{凹}$，$D_{凸}$——落料凹模和凸模的基本尺寸；

$d_{凸}$，$d_{凹}$——冲孔凸模和凹模的基本尺寸；

D_{max}——落料件的最大极限尺寸；

d_{min}——冲孔件的最小极限尺寸；

Δ——冲裁件的公差；

$\delta_{凹}$，$\delta_{凸}$——凹模和凸模的制造公差，可按冲裁件公差的1/4~1/5选取，也可查表2-2；

$L_{凹}$——凹模中心距的基本尺寸；

$L_{中}$——冲裁件中心距的中间尺寸；

X——磨损系数，其作用是为了使冲裁件的实际尺寸尽量接近冲裁件公差带的中间尺寸，与工件制造精度有关，按下列取值，也可查表2-3选取：

当制件公差为IT10以上时，取$X=1$；

当制件公差为IT11~IT13时，取$X=0.75$；

当制件公差为IT14以下时，取$X=0.5$。

表2-2　规则形状冲裁模凸、凹模制造公差　　　　　　　　　　mm

基本尺寸	$\delta_{凸}$	$\delta_{凹}$	基本尺寸	$\delta_{凸}$	$\delta_{凹}$
≤18	-0.020	+0.020	>180~260	-0.030	+0.045
>18~30	-0.020	+0.025	>260~360	-0.035	+0.050
>30~80	-0.020	+0.030	>360~500	-0.040	+0.060
>80~120	-0.025	+0.035	>500	-0.050	+0.070
>120~180	-0.030	+0.040			

表2-3　磨损系数X

板料厚度t/mm	制件公差Δ/mm				
<1	≤0.16	0.17~0.35	≥0.36	<0.16	≥0.16
1~2	≤0.20	0.21~0.41	≥0.42	<0.20	≥0.20
2~4	≤0.24	0.25~0.49	≥0.50	<0.24	≥0.24
>4	≤0.30	0.31~0.59	≥0.60	<0.30	≥0.30
磨损系数	非圆形X值			圆形X值	
	1.0	0.75	0.5	0.75	0.5

2. 凸模与凹模单配加工法

单配加工法是用凸模和凹模相互单配的方法来保证合理间隙的一种方法。此方法只需计算基准件（冲孔时为凸模，落料时为凹模）的基本尺寸及公差，另一件无须标注尺寸，仅注明"相应尺寸按凸模（或凹模）配作，保证双面间隙为 Z_{min}"即可。

单配加工法在制件上会同时存在三类不同性质的尺寸，需要区别对待，如图 2-11 所示。

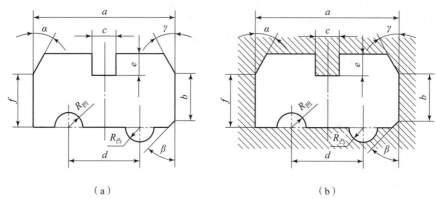

（a）　　　　　　　　　　（b）

图 2-11　冲裁件的尺寸分类

第一类：凸模（冲孔件）或凹模（落料件）磨损后增大的尺寸。

$$基准件尺寸 = （冲裁件上该尺寸的最大极限 - X\Delta）_{0}^{+\Delta/4} \qquad (2-7)$$

第二类：凸模（冲孔件）或凹模（落料件）磨损后减小的尺寸。

$$基准件尺寸 = （冲裁件上该尺寸的最小极限 + X\Delta）_{-\Delta/4}^{0} \qquad (2-8)$$

第三类：凸模（冲孔件）或凹模（落料件）磨损后基本不变的尺寸。

$$基准件尺寸 = 冲裁件上该尺寸的中间值 \pm \Delta/8 \qquad (2-9)$$

用单配加工法加工的凸模和凹模必须对号入座，不能互换，但由于电火花线切割加工已成为冲裁模加工的主要手段，故该加工方法所具有的"间隙补偿功能"，使配合件基本不存在加工制造公差，而只有很小的电火花放电间隙，所以无论形状复杂与否，它都能很准确地保证模具的合理初始间隙，因此单配加工法适用于复杂形状、小间隙（薄料）冲裁件模具工作部分尺寸的计算。

知识点四　工艺冲裁力的选择

1. 冲裁力的计算

冲裁力的确定

计算冲裁力的目的是合理地选用冲压设备、设计模具和检验模具的强度。压力机的吨位必须大于所计算的冲裁力，以适应冲裁的需求。由于冲裁加工的复杂性和变形过程的瞬间性，使得建立十分精确的冲裁力理论计算公式相对困难。通常所说的冲裁力是指作用于凸模上的最大抗力。如果视冲裁为纯剪切变形，则冲裁力可按下式计算：

$$P = 1.3Lt\tau \qquad (2-10)$$

式中　P——冲裁力；

　　　L——冲裁件受剪切周边长度（mm）；

　　　t——冲裁件的料厚（mm）；

　　　τ——材料抗剪强度（MPa），τ值可在设计资料及有关手册中查到。

当查不到材料的抗剪强度 τ 时，可用抗拉强度 σ_b 代替 τ，在一般情况下，材料 $\sigma_b \approx 1.3\tau$。为计算方便，冲裁力也可用下式计算：

$$P = Lt\sigma_b \qquad (2-11)$$

当上模完成一次冲裁后，冲入凹模内的制件或废料因弹性扩张而梗塞在凹模内，模面上的材料因弹性收缩而紧箍在凸模上，为了使冲裁工作继续进行，必须将箍在凸模上的材料刮下，将梗塞在凹模内的制件或废料向下推出或者向上顶出。通常从凸模上刮下材料所需的力称为卸料力 $P_卸$，从凹模内向下推出制件或废料所需的力称为推件力 $P_推$，从凹模内向上顶出制件所需的力称为顶件力 $P_顶$，如图 2 – 12 所示。

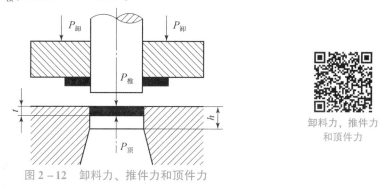

卸料力，推件力和顶件力

图 2 – 12　卸料力、推件力和顶件力

影响卸料力、推件力和顶件力的因素很多，要精确计算很困难。在生产实践中常用以下经验公式计算：

$$P_卸 = K_卸 \cdot P \qquad (2-12)$$
$$P_推 = nK_推 \cdot P \qquad (2-13)$$
$$P_顶 = K_顶 \cdot P \qquad (2-14)$$

式中　P——冲裁力，N；

　　　$K_卸$——卸料力系数；

　　　$K_推$——推件力系数；

　　　$K_顶$——顶件力系数；

　　　n——梗塞在凹模内的制件或废料的数量，$n = h/t$，h 为直刃口部分的高（mm），t 为材料的厚度（mm）。

$K_卸$、$K_推$ 和 $K_顶$ 可分别由表 2 – 4 查取。当冲裁件形状复杂、冲裁间隙较小、润滑较差、材料强度高时，应取较大值；反之则应取较小值。

表 2 – 4　卸料力、推件力和顶件力系数

	板料厚度 t/mm	$K_卸$	$K_推$	$K_顶$
钢	≤0.1	0.06 ~ 0.09	0.10	0.14
	>0.1 ~ 0.5	0.04 ~ 0.07	0.065	0.08
	>0.5 ~ 2.5	0.025 ~ 0.06	0.05	0.06
	>2.5 ~ 6.5	0.02 ~ 0.05	0.045	0.05
	>6.5	0.015 ~ 0.04	0.025	0.03

续表

板料厚度 t/mm	$K_卸$	$K_推$	$K_顶$
铝、铝合金	0.03 ~ 0.08	0.03 ~ 0.07	0.03 ~ 0.07
纯铜、黄铜	0.02 ~ 0.06	0.03 ~ 0.09	0.03 ~ 0.09

2. 压力机公称压力的选取

冲裁时，压力机的公称压力必须大于或等于冲裁时各工艺力的总和 $P_总$。

采用弹压卸料装置和下出件的模具时：

$$P_总 = P + P_卸 + P_推 \qquad (2-15)$$

采用弹压卸料装置和上出件的模具时：

$$P_总 = P + P_卸 + P_顶 \qquad (2-16)$$

采用刚性卸料装置和下出件模具时：

$$P_总 = P + P_推 \qquad (2-17)$$

3. 降低冲裁力的措施

在冲裁高强度材料、厚料和大尺寸冲压件时，需要的冲裁力较大，当生产现场压力机的吨位不足时，为不影响生产，可采用一些有效措施降低冲裁力。

1）凸模的阶梯布置

凸模阶梯布置时由于各凸模工作端面不在一个平面，各凸模冲裁力的最大值不同时出现，从而达到降低冲裁力的目的，如图 2-13 所示。当凸模直径有较大差异时，一般把小直径凸模做短一些，其高度差 $H = (0.5 \sim 1)t$。凸模的阶梯布置会给刃磨造成一定困难，仅在小批量生产时采用。

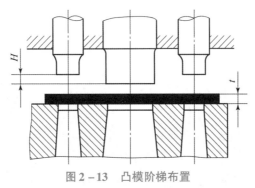

图 2-13 凸模阶梯布置

2）斜刃冲裁

斜刃是将冲孔凸模或落料凹模的工作刃口制成斜刃，冲裁时刃口不是全部同时切入，而是逐步地将材料分离，能显著降低冲裁力，但斜刃刃口制造和刃磨都比较困难，刃口容易磨损，冲件也不够平整。为了能得到较平整的工件，落料时斜刃做在凹模上，冲孔时斜刃做在凸模上。如图 2-14 所示。

3）热冲裁

材料加热后抗冲剪强度明显降低，从而可在很大程度上降低冲裁力，但材料受热后会产生氧化皮，故此法只适用于厚板与工件表面质量和精度要求不高的零件。

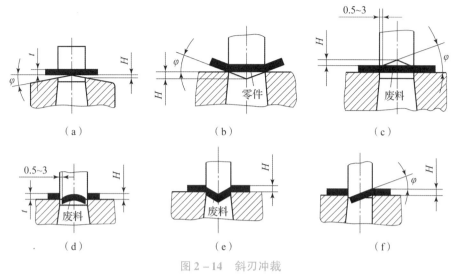

图 2 – 14　斜刃冲裁

（a），（b）落料凹模为斜刃；（c），（d），（e）冲孔凸模为斜刃；
（f）用于切口或切断的单边斜刃

知识点五　排样设计

冲裁排样方法

冲裁件在条料上的布置方法称为排样。排样设计工作的主要内容包括选择排样方法、确定搭边数值、计算条料宽度及步距、画出排样图。

1. 材料的经济利用

在冲压零件的成本中，材料费用约占 60% 以上，因此材料的经济利用具有非常重要的意义。冲压件在条料或板料上的布置方法称为排样。不合理的排样会浪费材料，衡量排样经济性的指标是材料的利用率，可用下式计算：

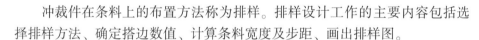

$$\eta = \frac{S}{S_0} \times 100\% = \frac{S}{AB} \times 100\% \tag{2 – 18}$$

式中　η——材料利用率；

　　　S——工件有效面积；

　　　S_0——冲裁此工件所用的板料面积，包括工件面积与废料面积；

　　　A——步距（相邻两个制件对应点的距离）；

　　　B——条料宽度。

从式（2 – 18）可以看出，若能减少废料面积，则材料利用率高。废料可分为工艺废料与结构废料两种，如图 2 – 15 所示。结构废料由工件的形状特点决定，一般不能改变；搭边和余料属于工艺废料，是与排样形式及冲压方式有关的废料，设计合理的排样方案、减少工艺废料，才能提高材料利用率。

排样合理与否不但会影响材料的经济利用，还会影响到制件的质量、模具的结构与寿命、制件的生产率和模具的成本等技术、经济指标。因此，设计排样时应考虑以下原则：

（1）提高材料利用率（在不影响制件使用性能的前提下，还可适当改变制件形状）；

（2）排样方法应使冲压操作方便，劳动强度小且安全；

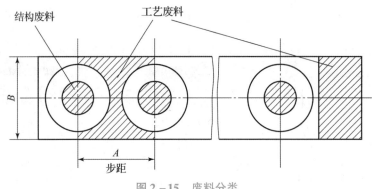

图 2-15　废料分类

（3）模具结构简单、寿命高；

（4）保证制件质量和制件对板料纤维方向的要求。

2. 排样方法

排样的目的是减少废料，提高材料的利用率。但在选择排样方法时，除了材料的利用率之外，还应考虑到模具制造和使用是否方便、板料的纤维方向是否满足后续工序要求等。

根据材料的利用情况，排样方法可分为以下三种：

1）有废料排样法

有废料排样［见图2-16（a）］，冲裁件与冲裁件之间以及冲裁件与条料侧边之间都有工艺余料（称为搭边）存在，因留有搭边，冲裁件分离轮廓封闭，冲裁件质量好、模具寿命长，但材料利用率较低。

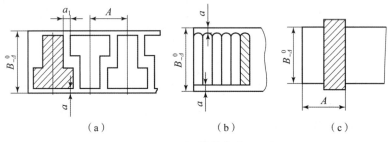

（a）　　　　　　　　（b）　　　　　　　　（c）

图 2-16　排样方法

2）少废料排样法

少废料排样法［见图2-16（b）］，只在冲裁件与冲裁件之间或冲裁件与条料之间留有搭边，这种排样方法的冲裁只沿着冲裁件的部分轮廓进行，材料的利用率可达70%～90%。

3）无废料排样

无废料排样法［见图2-16（c）］，冲裁件与冲裁件之间以及冲裁件与条料之间均无搭边存在，这种排样方法的冲裁件实际上是由直接切断获得，所以材料的利用率可达到85%～95%。

少、无废料排样法材料利用率很高，且模具结构简单，所需冲裁力小，但其应用范围有很大的局限性，既受到制件形状、结构限制，且由于条料宽度误差及送料误差均会影响制件尺寸而使尺寸精度下降，同时模具刃口是单面受力，所以磨损加快，断面质量下降，此外制件的外轮廓毛刺方向也不一致。所以选择少、无废料排样时必须全面权衡利弊。

3. 搭边和条料宽度确定

排样时，冲裁件与冲裁件之间以及冲裁件与条料侧边之间留下的工艺余料称为搭边，如图 2 - 17 所示。搭边的作用是补偿定位误差，保持条料有一定的刚度，以保证零件质量和送料方便。

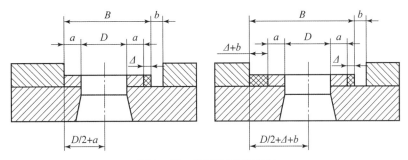

图 2 - 17　条料宽度的确定

（a）有侧压装置；（b）无侧压装置

搭边过大，浪费材料；搭边过小，起不到搭边作用。过小的搭边冲裁时容易翘曲或被拉断，不仅会增大冲件毛刺，有时还可能被拉入凸、凹模之间的缝隙中，使模具刃口被破坏，降低模具寿命，或者影响送料工作。

搭边的合理数值就是保证冲裁件质量、模具较长寿命及自动送料时不被拉弯、拉断等条件下允许的最小值。

搭边的合理数值主要决定于板料厚度 t、材料种类、冲裁件大小及冲裁件的轮廓形状等。一般来说，板料越厚、材料硬度越低、冲裁件尺寸越大、形状越复杂，则合理搭边数值也应越大。

搭边值通常由经验确定，表 2 - 5 所列的搭边值为普通冲裁时经验数据之一。

表 2 - 5　搭边值 a 和 a_1 数值（低碳钢）

材料厚度	圆件及 $r > 2t$ 的工件		矩形工件边长 $L < 50$ mm		矩形工件边长 $L > 50$ mm 或 $r < 2t$ 的工件	
	工件间 a_1	沿边 a	工件间 a_1	沿边 a	工件间 a_1	沿边 a
< 0.25	1.8	2.0	2.2	2.5	2.8	3.0
0.25 ~ 0.5	1.2	1.5	1.8	2.0	2.2	2.5

材料厚度	圆件及 $r>2t$ 的工件		矩形工件边长 $L<50$ mm		矩形工件边长 $L>50$ mm 或 $r<2t$ 的工件	
	工件间 a_1	沿边 a	工件间 a_1	沿边 a	工件间 a_1	沿边 a
0.5~0.8	1.0	1.2	1.5	1.8	1.8	2.0
0.8~1.2	0.8	1.0	1.2	1.5	1.5	1.8
1.2~1.6	1.0	1.2	1.5	1.8	1.8	2.0
1.6~2.0	1.2	1.5	1.8	2.0	2.0	2.2
2.0~2.5	1.5	1.8	2.0	2.2	2.2	2.5
2.5~3.0	1.8	2.2	2.2	2.5	2.5	2.8
3.0~3.5	2.2	2.5	2.5	2.8	2.8	3.2
3.5~4.0	2.5	2.8	2.5	3.2	3.2	3.5
4.0~5.0	3.0	3.5	3.5	4.0	4.0	4.5
5.0~12	0.6t	0.7t	0.7t	0.8t	0.8t	0.9t

　　条料是由板料（或带料）剪裁下料而得，为保证送料顺利，规定条料宽度 B 的上偏差为零，下偏差为负值（$-\Delta$）。为了准确送进，模具上一般设有导向装置。当使用导料板导向而又无侧压装置时，在宽度方向也会产生送料误差。条料宽度 B 的值应保证在这 2 种误差的影响下，仍能保证在冲裁件与条料侧面之间有一定的搭边值 a。

　　当模具的导料板之间有侧压装置时，条料宽度按下式计算（图 2 – 16（a））：

$$B = (D + 2a + \Delta)^0_{-\Delta} \tag{2-19}$$

式中　D——冲裁件与送料方向垂直的最大尺寸；

　　　　a——冲裁件与条料侧边之间的搭边；

　　　　Δ——板料剪裁时的下偏差。

　　当条料在无侧压装置的导料板之间送料时，条料宽度按下式计算［见图 2 – 16（b）］：

$$B = (D + 2a + 2\Delta + b)^0_{-\Delta} \tag{2-20}$$

式中　b——条料与导料板之间的间隙。

　　排样图是排样设计的最终表达形式，也是编制冲压工艺与设计的重要依据。一张完整的排样图应反映出条料（带料）宽度及公差、送料步距及搭边 a 和 a_1 值、冲裁时各工步的先后顺序与位置、条料在送料时定位元件的位置以及条料（带料）的轧制方向，如图 2 – 18 所示。

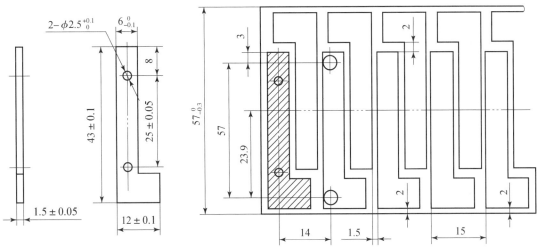

图 2–18　铁芯冲孔落料复合排样图

知识点六　冲裁件工艺性分析

冲裁
工艺性分析

冲裁件的工艺性是指冲裁件对冲压工艺的适应性，即冲裁件的结构、形状、尺寸及公差等技术要求是否符合冲裁加工的工艺要求，以及难易程度如何。工艺性是否合理，对冲裁件的质量、模具寿命和生产效率有很大的影响。

1. 冲裁件的形状和尺寸

（1）冲裁件应尽量避免应力集中的结构。冲裁件各直线或曲线连接处应尽可能避免出现尖锐的交角。除少废料排样、无废料排样或使用镶拼模结构外，都应有适当的圆角相连，如图 2–19 所示。

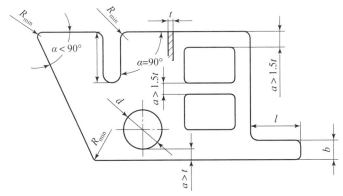

图 2–19　冲裁件有关尺寸的限制

（2）冲裁件应避免有过长的悬臂和窄槽，如图 2–19 所示，这样有利于凸、凹模的加工，提高凸、凹模的强度，防止崩刃。一般材料取 $b \geqslant 1.5\,t$；高碳钢应同时满足 $b \geqslant 2\,t$，$L \leqslant 5\,b$；但当 $b \leqslant 0.25$ mm 时，模具制造难度已相当大，所以当 $t \leqslant 0.5$ mm 时，前述要求按 $t = 0.5$ mm 判断。

（3）冲裁件上孔与孔、孔与零件边缘之间的距离不宜过小，如图 2–19 所示，以避免制件变形或因材料易拉入凹模而影响模具寿命（当 $t < 0.5$ mm 时，按 $t = 0.5$ mm 计算）。

（4）在弯曲件或拉深件上冲孔时，为避免凸模受水平推力而折断，孔壁与制件直壁之间应保持一定的距离，使 $L \geqslant R + 0.5t$，如图 2-20 所示。

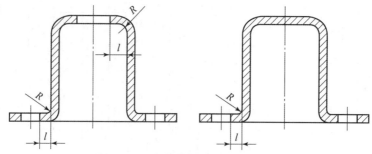

图 2-20　弯曲件和拉深件冲孔位置

2. 冲裁件的尺寸精度和表面粗糙度

冲裁件的尺寸精度要求应在经济精度范围以内，对于普通冲裁件一般可达 IT11 级，较高精度可达 IT8 级。冲裁所能达到的外形、内孔及孔中心距一般精度的公差值参见表 2-6，所能达到的孔边距的公差值参见表 2-7。

表 2-6　冲裁件外形、内孔及孔中心距一般精度的公差值　　　　　　　mm

板料厚度 t	制件尺寸					
	≤10	10~25	25~63	63~160	160~400	400~1 000
≤0.5	$\dfrac{0.05}{\pm 0.025}$	$\dfrac{0.07}{\pm 0.035}$	$\dfrac{0.10}{\pm 0.05}$	$\dfrac{0.12}{\pm 0.06}$	$\dfrac{0.18}{\pm 0.09}$	$\dfrac{0.24}{\pm 0.12}$
0.5~1	$\dfrac{0.07}{\pm 0.035}$	$\dfrac{0.10}{\pm 0.05}$	$\dfrac{0.14}{\pm 0.07}$	$\dfrac{0.18}{\pm 0.09}$	$\dfrac{0.26}{\pm 0.13}$	$\dfrac{0.34}{\pm 0.17}$
1~3	$\dfrac{0.10}{\pm 0.05}$	$\dfrac{0.14}{\pm 0.07}$	$\dfrac{0.20}{\pm 0.10}$	$\dfrac{0.26}{\pm 0.13}$	$\dfrac{0.36}{\pm 0.18}$	$\dfrac{0.48}{\pm 0.24}$
3~6	$\dfrac{0.13}{\pm 0.065}$	$\dfrac{0.18}{\pm 0.09}$	$\dfrac{0.26}{\pm 0.13}$	$\dfrac{0.32}{\pm 0.16}$	$\dfrac{0.46}{\pm 0.23}$	$\dfrac{0.62}{\pm 0.31}$
>6	$\dfrac{0.16}{\pm 0.08}$	$\dfrac{0.22}{\pm 0.11}$	$\dfrac{0.30}{\pm 0.15}$	$\dfrac{0.40}{\pm 0.20}$	$\dfrac{0.56}{\pm 0.28}$	$\dfrac{0.70}{\pm 0.35}$

注：1. 本表适用于按高于 IT8 级精度制定的模具所冲的冲裁件。
　　2. 表中分子为外形和内孔的公差值，分母为孔中心距的公差值。
　　3. 使用本表时，所指的孔至多应在 3 工步内全部冲出

表 2-7　冲裁件孔边距的公差值　　　　　　　mm

板料厚度 t	制件尺寸					
	≤10	10~25	25~63	63~160	160~400	400~1 000
≤0.5	$\dfrac{\pm 0.025}{\pm 0.05}$	$\dfrac{\pm 0.035}{\pm 0.07}$	$\dfrac{\pm 0.05}{\pm 0.10}$	$\dfrac{\pm 0.06}{\pm 0.13}$	$\dfrac{\pm 0.09}{\pm 0.18}$	$\dfrac{\pm 0.12}{\pm 0.24}$
0.5~1	$\dfrac{\pm 0.035}{\pm 0.07}$	$\dfrac{\pm 0.05}{\pm 0.10}$	$\dfrac{\pm 0.07}{\pm 0.14}$	$\dfrac{\pm 0.09}{\pm 0.18}$	$\dfrac{\pm 0.13}{\pm 0.25}$	$\dfrac{\pm 0.17}{\pm 0.33}$

板料厚度 t	制件尺寸					
	≤10	10~25	25~63	63~160	160~400	400~1 000
1~3	±0.05 ±0.10	±0.07 ±0.14	±0.10 ±0.20	±0.13 ±0.25	±0.18 ±0.35	±0.24 ±0.47
3~6	±0.065 ±0.13	±0.09 ±0.18	±0.13 ±0.25	±0.16 ±0.32	±0.23 ±0.45	±0.31 ±0.60
>6	±0.08 ±0.15	±0.11 ±0.22	±0.15 ±0.30	±0.20 ±0.39	±0.28 ±0.55	±0.35 ±0.70

注：1. 本表适用于按高于 IT8 级精度制定的模具所冲的冲裁件。

2. 表中分子适合复合模及有导正销级进模所冲的冲裁件。

3. 表中分母适合无导正销级进模、外形是单工序冲孔模所冲的冲裁件。显然，如果制件的尺寸和精度高于表值，应采用整修、精密冲裁甚至用其他加工方法来满足

普通冲裁件断面的近似表面粗糙程度见表 2-8。如冲裁件设计要求超过此表要求，则普通冲载是难以满足的，要通过整修工艺或精冲工艺来满足。

表 2-8 普通冲裁件断面近似表面粗糙度

板料厚度 t/mm	≤1	>1~2	>2~3	>3~4	>4~5
表面粗糙度 Ra/μm	3.2	6.3	12.5	25	50

知识点六 冲裁模具结构分析

冲裁是通过冲裁模来完成的。不同的技术要求、生产条件需要不同的模具，不同的模具对生产效率、冲裁件的质量及成本等都有直接的影响。冲裁模的结构类型较多，可按不同的特征进行分类。

（1）按工序性质可分为落料模、冲孔模、切断模、切口模、切边模和剖切模等。

（2）按工序组合方式可分为单工序模、复合模和级进模。

（3）按上下模的导向方式可分为无导向的开式模和有导向的导板模、导柱模、导筒模等。

（4）按凸、凹模的材料可分为硬质合金冲模、钢皮冲模、锌基合金冲模和聚氨酯冲模等。

（5）按凸、凹模的结构和布置方法可分为整体模和镶拼模、正装模和倒装模。

（6）按自动化程度可分为手工操作模、半自动模和自动模。

上述的各种分类方法从不同的角度反映了模具结构的不同特点。下面以工序组合方式分别分析各类冲裁模的结构及其特点。

1. 单工序冲裁模

单工序冲裁模指在压力机一次行程内只完成一种冲压工序，而不论冲裁的凸（或凹）模是单个还是多个。单工序模有落料模、冲孔模、切断模、切口模、切边模等。

图 2-21 所示为典型的单工序冲裁模，导柱、导套采用后置式结构，便于工人操作，导套与导柱分别与上、下模座紧密配合，导柱与导套之间为间隙配合，常采用 H6/h5 或 H7/

h6。导柱与导套的入口部均有较大圆角，即使上、下模脱开（如在冲压行程的上死点），再闭合时仍能很容易导入，方便了对压力机的选择。

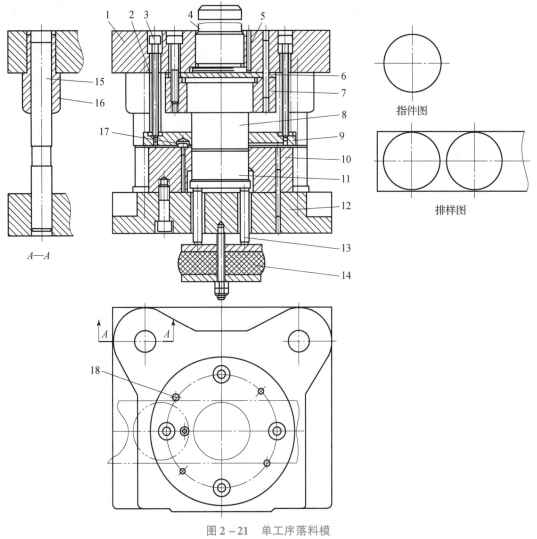

图 2-21　单工序落料模

1—上模座；2—卸料弹簧；3—卸料螺钉；4—模柄；5—止转销；6—垫板；
7—凸模固定板；8—落料凸模；9—卸料板；10—落料凹模；11—顶件板；
12—下模座；13—顶杆；14—橡皮；15—导柱；16—导套；17—固定挡料销；18—导料销

这套模具采用了由卸料板9、卸料弹簧2与卸料螺钉3组成的弹性卸料装置及由安装在下模座12下的橡皮14、顶杆13与顶件板11组成的由下向上的弹性顶件装置。在冲压过程中，不论是对条料还是冲裁件均有良好的压平作用，得到的制件比较平整，特别适合于冲裁厚度较薄、材质较软的制件。

倒装复合模

2. 复合冲裁模

在压力机的一次工作行程中，在模具同一部位同时完成数道冲压工序的模具，称为复合模。复合模的设计难点是如何在同一工作位置上合理地布置好几对凸、凹模。

正装复合模

图 2 – 22 所示为典型的落料冲孔复合模。凸凹模 18 装在下模，凹模 17 和凸模 15、16 装在上模。这种结构的优点是便于翻转条料、往复冲裁，实现对排排样，冲模的安装、调试也较方便。

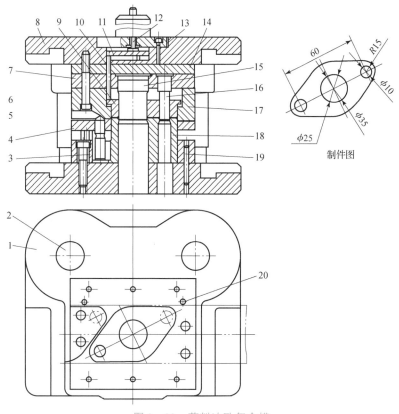

图 2 – 22　落料冲孔复合模

1—下模座；2—导柱；3—弹簧；4—卸料板；5—活动挡料销；6—导套；7—凸模固定板；
8—上模座；9—推件块；10—连接推杆；11—推板；12—打杆；13—凸缘模柄；
14—垫板；15.16—凸模；17—凹模；18—凸凹模；19—固定板；20—导料销

3. 级进冲裁模

级进模又称连续模、跳步模，是指压力机在一次行程中，依次在模具几个不同的位置上同时完成多道冲压工序的冲模。整个制件的成形是在级进过程中逐步完成的。级进成形属于工序集中的工艺方法，可使切边、切口、切槽、冲孔、成形、落料等多种不同性质的冲压工序在一副模具上完成。

冲裁级进模

由于用级进模冲压时，冲压件是依次在几个不同位置上逐步成形的，因此要控制冲压件的孔与外形的相对位置精度就必须严格控制送料步距。控制送料步距在级进模中有两种基本结构：用导正销定距与用侧刃定距。

图 2 – 23 所示为挡料销和导正销定位的级进模，第 1 工位先冲孔，之后条料进给，将孔送入第 2 工位，靠挡料销 5 初定位，再经导正销 6 导正落料；同时，第 1 工位又在条料上冲孔。如此继续下去，即可完成冲压加工。对坯料来说，在两个工位完成冲裁；对模具来说，除开始的一个行程外，每次行程可得到一个制件。

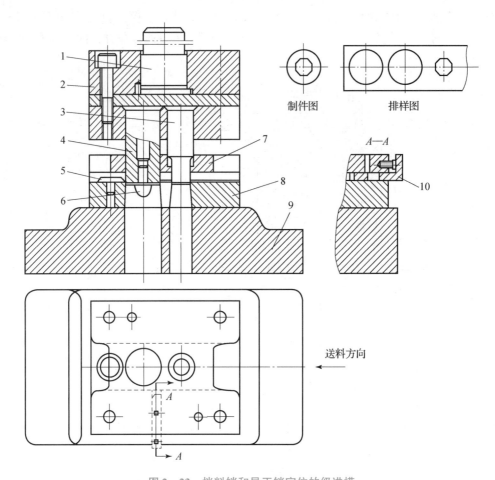

制件图　　排样图

A—A

送料方向

图 2 – 23　挡料销和导正销定位的级进模

1—模柄；2—上模座；3—冲孔凸模；4—落料凸模；5—挡料销；6—导正销；

7—导料板兼卸料板；8—凹模；9—下模座；10—始用挡料销

【任务实施】

开口垫片冲裁成形任务实施过程见表 2 – 9。

表 2 – 9　开口垫片冲裁成形任务实施过程

序号	实施项目	操作步骤	实施要点	备注
1		毛料准备：08F 钢板		
2	准备工作	工艺装备： （1）划线平板； （2）划规； （3）钢板尺； （4）锉刀； （5）冲裁模具		

序号	实施项目	操作步骤	实施要点	备注
3	任务实施	读懂零件图样，明确工作任务，领取符合材料牌号、规格的板料		
4				
5		排样设计：通过计算，确定条料宽度		
6		排样设计：通过查表，确定条料搭边值		
7		排样设计：确定冲裁模具进料步距		
8		确定开口垫片加工过程中所需要的冲裁力		
		根据刃口尺寸计算方法，确定开口垫片的凸凹模外形尺寸		
9				
10		设计并绘制总图，选取标准件		
11		选取合适的冲裁模具并检查模具工作状态		
12		按选取参数进行加工试制，直至零件合格		
		按图样要求全面检查工件形状、尺寸，进行校验和修正，直至符合质量要求		
13		在工件表面指定位置做好班级、学号、姓名标记，上交工件		
14	任务结束	清理、保养设备，清扫工作场地		
15		清点工具和量具，并摆放整齐		
16		保持工作场地整洁、卫生，做到安全文明生产		

【任务评价】

根据表 2 – 10 所示评价标准，对任务完成情况进行评价和总结。

表 2 – 10　开口垫片冲裁成形任务评价标准

序号	评价项目	评价内容	配分	评分标准		学员互评（40%）	教师评价（60%）	备注
				合格	超差			
1	专业能力	开口垫片的外形尺寸 $80_{-0.4}^{0}$ mm、$40_{-0.34}^{0}$ mm	10	10	6			
2		开口垫片的内孔尺寸 $15_{-0.2}^{0}$ mm、$\phi 6_{0}^{+0.12}$、22 mm ± 0.14 mm	10	10	6			
3		确定搭边值及步距	8	8	5			

序号	评价项目	评价内容	配分	评分标准		学员互评（40%）	教师评价（60%）	备注
				合格	超差			
4	专业能力	条料宽度的计算	8	8	5			
5		冲裁力的确定	8	8	5			
6		冲裁间隙值的确定	8	8	5			
7		冲裁模刃口尺寸的计算	8	8	5			
8		绘制凸模、凹模及凸凹模工作部分简图	10	按绘制准确性附分				
9	职业素养	严格遵守操作规程，严禁违规作业	10	视违反规定严重性扣除分值				
10		团队合作意识，互相协作良好	10	视情况附分，优秀者可增值附分				
11		态度端正严谨，绿色环保，不造成材料浪费	10	视情况附分，优秀者可增值附分				

【思考与练习】

（1）简述冲裁原理。

（2）试讨论冲裁间隙的大小与冲裁断面质量间的关系。

（3）试分析冲裁间隙对冲裁件质量、冲裁力和模具寿命的影响。

（4）降低冲裁力的方法有哪些？

（5）何谓排样？其目的是什么？

（6）何谓搭边？其作用是什么？

（7）简述计算材料利用率的方法。

（8）冲裁件常用的排样方法有哪些？

拓展阅读

精冲技术发展史

1. 世界精冲技术起源

精冲技术的源流可追溯到 20 世纪初期，当时，由于工业生产的发展，出现了对精密零件的需求。1917—1922年开始出现棒料精切和钟表零件的整修工艺。

1921年，德国手工业者Fritz Schicss在瑞士Lichtensteig的家庭作坊里，开始设计和制造试验性的液压冲裁装置，并于1922年成功完成料厚8 mm简单钢板零件的精密剪切试验。1922年，Fritz Schicss申请"金属零件液压冲裁装置"的德国专利，并于1923年3月公之于世，随后推广到了瑞士、法国、英国和美国。

1924年，Fritz Schicss在Lichtensteig—Wattwil工厂建立了第一个精冲模具制造车间，并于1925年生产出世界上第一个精冲零件。传承至今的Fritz Schicss工厂仍是一个封闭式的家族企业，每年大约制造16 000多副精冲模具，生产5 500多种精冲零件。

2. 我国精冲技术发展历程

1960年，瑞士Feintool公司与Osterwalder公司合作生产的小吨位机械式精冲机床进入市场。1962年，A. Guidi发表的精冲理论标志着精冲技术进入快速发展时期。

1965年年初，西安仪表精密零件厂引进我国第一台Feintool公司生产的GKP - P80型精冲机床。同年，北京机电研究所、济南铸锻研究所、西安交通大学、西安仪表精密零件厂开始进行精冲工艺试验研究。

1970年前后，精冲零件生产已扩大到照相机、缝纫机、通信器材、办公机械、打字机、计算机等产品。

1976年，原第五机械工业部与瑞士Feintool公司开始进行精冲技术交流，并第一次提供我国精冲技术培训资料。同年，北京机械工业局组织翻译了Feintool公司的《实用精冲手册》。

1977年，哈尔滨锻压机床厂与四川内江锻压机床厂分别研制出25 t和100 t精冲机床。

1980年，国内精冲技术专家周开华等编译的《精冲技术》一书由国防工业出版社出版。同年，国内进行尺框对向凹模精冲工艺试验，精冲技术开始进入汽车工业生产。

1981年，四川内江锻压机床厂研制成功630 t全液压精冲机床。

1985年，华北光学仪器厂在国内第一次引进了瑞士Feintool公司精冲模具设计与制造技术，实现厚板精密冲裁（$\delta \leqslant 15$ mm）。同年，上海交通大学与Feintool公司合作开发精冲软件。

2003年，武汉华夏精冲技术有限公司研制成功FHB 250 t、630 t全液压精冲机床。2004年，黄石汉斯舍恩机械设备有限公司研制成功HFZP500 t全液压精冲机床，标志着我国精冲技术进入大吨位批量生产阶段。

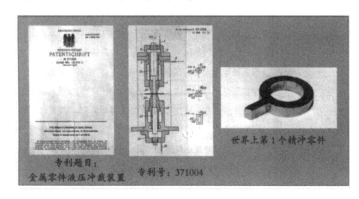

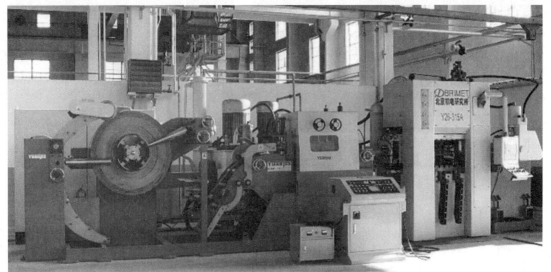

全自动精冲机床

任务三
弯曲件成形

【任务导言】

弯曲是将金属板料毛坯、型材、棒材或管材等按照设计要求的曲率或角度成形为所需形状零件的冲压工序。弯曲工序在生产中应用相当普遍。根据所用的工具和设备不同，弯曲方法可分为在普通压力机上使用弯曲模压弯、在折弯机上折弯、在拉弯机上拉弯、在滚弯机上的滚弯或辊压成形等。虽然各种弯曲方法不同，但变形过程及特点却存在着某些相同规律。

【任务内容】

弯曲变形的过程分析、最小相对弯曲半径、弯曲回弹现象、弯曲件毛坯展开尺寸的计算、弯曲力的确定、弯曲件结构工艺性分析、典型弯曲模具等。

【学习目标】

（1）掌握弯曲成形的基本原理；

（2）了解板料弯曲的变形特点；

（3）掌握弯曲过程中各项工艺参数的选取；

（4）掌握弯曲件成形过程中的各项工艺要求；

（5）掌握弯曲成形的操作流程及弯曲模具的选用；

（6）浸润对航空事业的热爱之心，培育追求卓越的航空精神；

（7）养成精益求精的工匠精神，提高生产环节中的质量意识。

【任务描述】

（1）弯曲成形过程中，若要加工如图 3-1 中所示弯曲件，应如何确定合理的弯曲工艺方案，并分析加工过程中所用的弯曲模具结构。

（2）零件图的技术要求如下。

①材料：10 钢板，厚度 $t = 2$ mm。

②未注公差等级 IT14。

③零件表面平整，无压伤、划痕等缺陷。

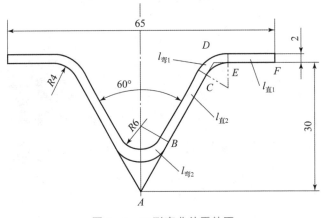

弯曲变形的过程

V形弯曲件的
变形过程

图3-1 V形弯曲件零件图

【任务引导】

引导问题一：什么是弯曲成形？板料弯曲变形的特点有哪些？

引导问题二：如何确定弯曲件毛坯尺寸？

引导问题三：弯曲结构工艺性分析过程中，应考虑哪些因素？

引导问题四：弯曲成形过程中，如何正确地选用弯曲模具？

【知识学习】

知识点一 弯曲变形过程分析

1. 弯曲变形过程

由于板料具有一定的塑性，因此能用弯曲的方法完成所需的各种形状。压弯是在板料上加压产生弯矩，而使其弯曲成形的方法。以板料V形弯曲变形为例，弯曲变形过程如图3-2所示。

1）自由弯曲阶段

弯曲开始时［见图3-2（a）］，平板料被支承在凹模口的 AA 两点上，凸模最先接触的是板料的中部。板料与上下模具为三点接触，弯曲半径 r_0 不受上下模具形式的约束，此刻的弯曲力臂 l_0 最大。随着弯曲凸模的持续下行，板料的弯曲变形程度加大，其弯曲半径和

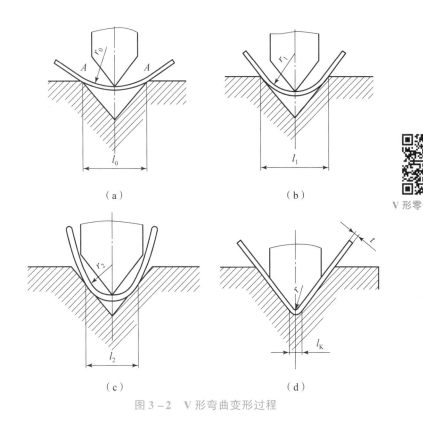

（a）　　　　　　　　　　（b）

V形零件弯曲过程

（c）　　　　　　　　　　（d）

图 3 - 2　V 形弯曲变形过程

弯曲力臂也不断减小 [见图 3 - 2（b）]，直到板料与下模完全接触，弯曲角度与下模基本相同，此阶段结束 [见图 3 - 2（c）]。一般称上述阶段的弯曲变形为自由弯曲。

2）校正弯曲阶段

自由弯曲中同时存在着塑性变形和弹性变形，因此自由弯曲后的制件在卸载后会有弯曲回弹现象产生，为了减少回弹变形、提高制件精度，在自由弯曲阶段结束，凸、凹模与制件完全贴合后，再使凸模继续下压。虽然此时凸模下行量不会很大，但会对制件施加巨大的压力，使之校正定形，此时板料的弯曲半径为最小值 r [图 3 - 2（d）]。这个阶段的变形一般称为校正弯曲。

2. 板料弯曲变形特点

为了观察板料弯曲时的金属流动情况，便于分析材料的变形特点，可以采用在弯曲前的板料侧表面制作正方形网格的方法，弯曲后用工具观察并测量网格的尺寸和形状变化情况，如图 3 - 3 所示。

板料弯曲的
变形特点

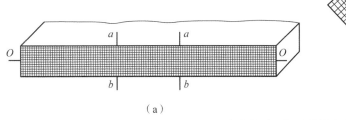

（a）　　　　　　　　　　（b）

图 3 - 3　弯曲前后坐标网格的变化

弯曲前，材料侧面线条均为直线，组成大小一致的正方形小格，纵向网格线长度 $aa = bb$，如图3-3（a）所示。弯曲后，通过观察网格形状的变化［见图3-3（b）］可以看出弯曲变形具有以下特点：

1）弯曲圆角部分是弯曲变形的主要变形区

通过对网格的观察，弯曲圆角部分的网格发生了明显的变化，原来正方形网格变成了扇形网格，而在远离圆角的直边部分，则没有这种变化；在靠近圆角处的直边，有少量的此种变化，这说明弯曲变形区主要在圆角部分，两直边部分几乎没发生变化。通过不同角度的弯曲，会发现弯曲圆角半径越小，该变形区的网格变形越大。因此，弯曲变形程度可以用相对弯曲半径（r/t）来表示。

2）弯曲变形区的应变中性层

比较变形区内弯曲前后相应位置的网格线长度可知，板料的外区（靠凹模一侧）网格线受拉而伸长，内区（靠凸模一侧）网格线受压缩而缩短，内、外区至板料的中心，其缩短和伸长的程度逐渐变小。由于材料的连续性，故在伸长和缩短两个变形区域之间，其中必定有一层金属纤维材料的长度在弯曲前后保持不变，这一金属层称为应变中性层（图3-3中 O-O 层）。应变中性层长度的确定是今后进行弯曲件毛坯展开尺寸计算的重要依据。当弯曲变形程度很小时，应变中性层的位置基本上处于材料厚度的中心，但当弯曲变形程度较大时，可以发现应变中性层向材料内侧移动，变形量越大，内移量越大。

3）变形区材料厚度变薄的现象

当弯曲变形程度较大时，变形区外侧材料受拉伸长，使得厚度方向的材料减薄；变形区内侧材料受压，使得厚度方向的材料增厚。由于应变中性层位置的内移，外侧的减薄区域随之扩大，内侧的增厚区域逐渐缩小，外侧的减薄量大于内侧的增厚量，因此使弯曲变形区的材料厚度变薄。变形程度越大，变薄现象越严重。

4）变形区横断面的变形

板料的相对宽度 B/t（B 是板料的宽度，t 是板料的厚度）对弯曲变形区的材料变形有很大影响。一般将相对宽度 $B/t > 3$ 的板料称为宽板，相对宽度 $B/t \leqslant 3$ 的称为窄板。

窄板弯曲时，宽度方向的变形不受约束。由于弯曲变形区外侧材料受拉引起板料宽度方向收缩，故内侧材料受压引起板料宽度方向增厚，其横断面形状变成了外窄内宽的扇形，如图3-4（a）所示。变形区横断面形状尺寸发生改变称为畸变。

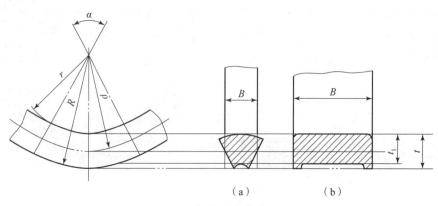

弯曲变形过程中横截面的变形

板料弯曲时的应力应变状态

图3-4　板料弯曲横截面形状变化

宽板弯曲时，在宽度方向的变形会受到相邻部分材料的制约，材料不易流动，因此其横断面形状变化较小，仅在两端会出现少量变形 [见图 3-4 (b)]，由于形变相对于宽度尺寸而言数值较小，故横断面形状基本保持为矩形。

知识点二　最小相对弯曲半径

弯曲最小相对弯曲半径

设计弯曲件时，不仅要满足使用上的要求，还需要考虑成形的可行性。通过弯曲变形的分析可知，随着相对弯曲半径的减小，弯曲时毛料外层纤维的变形程度将逐渐增大。当相对弯曲半径小到一定程度后，毛料外层纤维的切向应变将因超过材料的许可变形程度而断裂。为了获得合格的零件，弯曲件内圆角半径的数值要受到外层纤维的成形极限限置。因此，生产中引入重要的工艺参数——最小相对弯曲半径。

1. 最小相对弯曲半径的概念

最小相对弯曲半径是指：在保证毛坯弯曲时外表面不发生开裂的条件下，弯曲件内表面能够弯成的最小圆角半径与坯料厚度的比值，用 r_{min}/t 来表示。该值越小，板料弯曲的性能也越好。生产中常用它来衡量弯曲时变形毛坯的成形极限。

2. 影响最小相对弯曲半径的因素

1）材料的力学性能

材料的塑性越好，应变硬化指数 n 越大，越不易出现局部的集中变形，因而有利于提高成形极限，材料许可的最小相对弯曲半径就越小。当零件的结构需要弯成很小的圆角半径时，可能引起毛坯破坏，通常采用热处理的方法来恢复冷变形硬化材料的塑性或采用加热弯曲的方法来提高低塑性材料（如镁合金等）的塑性变形能力。

2）零件的弯曲中心角 α

理论上来讲，变形区外表面的变形程度只与 r/t 有关，而与弯曲中心角 α 无关。实际上，当弯曲中心角 α 较小时，由于变形区域不大，接近弯曲中心角的直边部分可能参与变形，并产生一定的伸长，从而使弯曲中心角处的变形得到一定程度的减轻，可使最小相对弯曲半径减小。实验研究表明，直边分散变形的作用仅在弯曲角度 $\alpha < 90°$ 时有较显著的效果。

3）毛料剪切断面质量和表面质量

弯曲过程中毛料的变形都是经过剪裁或者冲裁得到的，毛料表面经常伴有划伤、裂纹或剪切断面有毛刺、裂口和冷作硬化等缺陷，弯曲时易造成应力集中，使弯曲件过早地破坏。在这些情况下，要选用较大的弯曲半径，将有毛刺的表面朝向弯曲凸模，消除剪切面的硬化层，以提高弯曲变形的成形极限。当零件要求的弯曲半径较小时，在弯曲前对毛料进行热处理，以消除冷作硬化层的影响。

4）板料的宽度和厚度

窄板（$B/t \leqslant 3$）弯曲时，在板料宽度方向的应力为零，宽度方向的材料可以自由流动，可使最小相对弯曲半径减小。当板料相对宽度较大时，材料沿宽向流动的阻碍较大，选用的相对弯曲半径应大一些。对不同厚度的毛料，最小相对弯曲半径并不是一个定值，而是随着材料厚度的增大而有所增大。但在 $t > 5$ mm 以后，毛料厚度对最小弯曲半径的影响已十分明显。

5）板材的纤维方向

供给生产用的板料，其机械性能在板面内的各方向并不相同，表现出各向异性。通常，生产中常用的材料，顺着纤维方向的塑性指标优于与纤维相垂直的方向。当弯曲件的折弯线与纤维方向垂直时，材料具有较大的拉伸强度，不易拉裂，最小相对弯曲半径 r_{min}/t 的数值最小；而平行时则最小相对弯曲半径数值最大，如图 3-5 所示。因此对于相对弯曲半径较小或者塑性较差的弯曲件，折弯线应尽可能垂直于轧制方向。若弯曲件为双侧弯曲，且相对弯曲半径又比较小，则在排样时应设法使折弯线与板料轧制方向成一定角度，如图 3-5（c）所示。

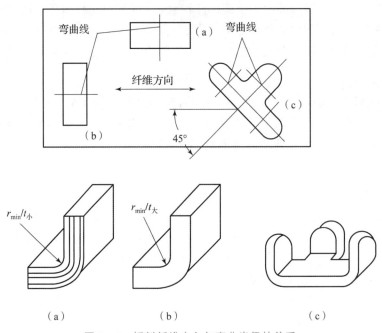

图 3-5　板料纤维方向与弯曲半径的关系

3. 最小相对弯曲半径的确定

由于影响板料的最小弯曲半径的因素较多，很难用一个简化公式予以概括，故在实际应用中主要参考经验数据来确定各种金属在不同状态下的最小相对弯曲半径的数值，见表 3-1。

表 3-1　常见材料最小相对弯曲半径 r_{min}/t 数值

材料	正火或退火		硬化	
	弯曲线方向			
	与纤维方向垂直	与纤维方向平行	与纤维方向垂直	与纤维方向平行
铝	0	0.3	0.3	0.8
退火紫铜			1.0	2.0
黄铜 H68			0.4	0.8
05、08F			0.2	0.5
08、10、Q215	0	0.4	0.4	0.8

材料	正火或退火		硬化	
	弯曲线方向			
	与纤维方向垂直	与纤维方向平行	与纤维方向垂直	与纤维方向平行
15、20、Q235	0.1	0.5	0.5	1.0
25、30、Q255	0.2	0.6	0.6	1.2
35、40	0.3	0.8	0.8	1.5
45、50	0.5	1.0	1.0	1.7
55、60	0.7	1.3	1.31.31.3	2.0
硬铝（软）	1.0	1.5	1.5	2.5
硬铝（硬）	2.0	3.0	3.0	4.0
镁合金	300 ℃热弯		冷弯	
MA1 – M	2.0	3.0	6.0	8.0
MA8 – M	1.5	2.0	5.0	6.0
钛合金	300～400 ℃热弯		冷弯	
BT1	1.5	2.0	3.0	4.0
BT5	3.0	4.0	5.0	6.0
钼合金（$t \leqslant 2$ mm）	400～500 ℃热弯		冷弯	
BM1、BM2	2.0	3.0	4.0	5.0
注：本表用于板材厚 $t < 10$ mm、弯曲角 ≥90°、剪切断面良好的情况				

知识点三　弯曲回弹

1. 回弹现象

弯曲变形是塑性变形的一种方式，在外力作用下产生的总变形由塑性变形和弹性变形两部分组成。当弯曲结束、外载荷去除后，塑性变形被保留下来，而弹性变形会完全消失。弯曲变形区外侧因弹性恢复而缩短，内侧因弹性恢复而伸长，结果使弯曲件的形状和尺寸发生变化而与模具尺寸不一致，这种现象叫回弹。弹性回弹直接影响到弯曲件的精度，因此需要设法消除其对弯曲成形工作的不利影响。

弯曲回弹及
补偿措施

弯曲件的回弹现象通常表现为两种形式：一是弯曲半径的改变，由回弹前的弯曲半径 r 变为回弹后的 r'，弯曲半径的增加量为 $\Delta r = r - r'$；二是弯曲角度的改变，由回弹前的弯曲中心角度 α（凸模的中心角度）变为回弹后的工件实际中心角度 α'，弯曲件角度的变化量为 $\Delta \alpha = \alpha - \alpha'$，如图 3 – 6 所示。回弹值的确定主要考虑这两个因素。

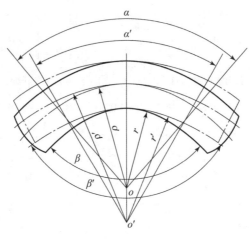

弹性回弹

图 3 – 6　弯曲件回弹示意图

2. 影响回弹的因素

1）材料的力学性能

材料的屈服点 σ_s 越高，弹性模量 E 越小，弯曲弹性回弹越大，如图 3 – 7 所示。如图 3 – 7（a）所示两种材料的屈服极限基本相同，但 $E_1 > E_2$，在弯曲变形程度相同的情况下，卸载后的两种材料的回弹量却不一样（$\varepsilon_2 > \varepsilon_1$）。如图 3 – 7（b）所示两种材料的弹性模量基本相同（$E_3 = E_4$），而屈服极限不同（$\sigma_4 > \sigma_3$），故在弯曲变形程度相同的条件下，卸载后的回弹量不同，材料 4 要比材料 3 的回弹大（$\varepsilon_4 > \varepsilon_3$）。

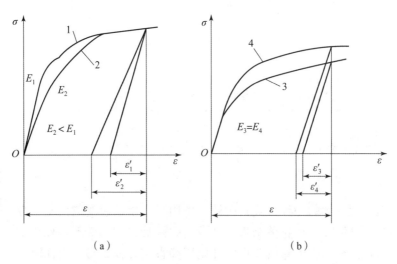

图 3 – 7　材料的力学性能对回弹值的影响

1，3—退火软钢；2—软锰黄铜；4—经冷变形硬化的硬钢

2）相对弯曲半径 r/t

相对弯曲半径表示弯曲成形的变形程度，相对弯曲变径 r/t 越大，板料的弯曲变形程度越小，在板料中性层两侧的纯弹性变形区增加越多，塑性变形区中的弹性变形所占的比例同时也增大。故相对弯曲变径 r/t 越大，回弹也越大。

3）弯曲中心角 α

弯曲中心角 α 越大，则变形区越大，回弹的积累值越大，回弹角也越大。但对弯曲半径的回弹影响不大。

4）弯曲方式及弯曲模具

板料弯曲方式有自由弯曲和校正弯曲。在无底的凹模中自由弯曲时，回弹值大；在有底的凹模内做校正弯曲时，回弹值小。原因为：校正弯曲力较大，可改变弯曲件变形区的应力状态，增加圆角处的塑性变形程度。

5）弯曲件形状

工件的形状越复杂，一次弯曲所成形的角度数量越多。由于各部分的回弹相互牵制以及弯曲件表面与模具表面之间的摩擦影响，改变了弯曲件各部分的应力状态（增大弯曲变形区的拉应力），使回弹困难，因而回弹角减小，如Ⅱ形件的回弹值比 U 形件小、U 形件又比 V 形件小。

6）模具间隙

在压弯 U 形件时，间隙大，材料处于松动状态，回弹就大；间隙小，材料被挤压，回弹就小。

7）非变形区的影响

变形区和非变形区是相对的，非变形区并非一点也不变形，既然有变形，多少要产生与变形区相反的回弹。在对 V 形件（$r/t < 0.2 \sim 0.3$）进行校正弯曲时，由于对非变形区的直边部分有校直作用，弯曲后直边区回弹和圆角区回弹方向是相反的，最终零件表现的回弹是二者的叠加，角度回弹量 $\Delta\alpha$ 可能为正、零或负值。当直边的回弹大于圆角的回弹时，就会出现负回弹，弯曲件的角度反而小于弯曲凸模的角度。

上述影响回弹的因素都属于材料性质和零件尺寸两个方面，而弯曲件的材料和尺寸是根据使用要求决定的。因此仅仅找到影响回弹的因素，并不意味着就能改变这些因素，主要目的还是了解回弹规律，从而采取适当措施，以减少甚至消除回弹对于弯曲件尺寸精度的不利影响。弯角和弯曲半径的回弹总是同时发生，但对一般弯曲件来说，保持弯角准确更加重要，因而总希望回弹角 $\Delta\alpha$ 越小越好，最为理想的是 $\Delta\alpha \approx 0$。

3. 回弹值得确定

回弹直接影响了弯曲件的形状误差和尺寸公差，因此在模具设计和制造时，必须预先考虑材料的回弹值，修正模具相应工作部分的形状和尺寸。

回弹值的确定方法有理论公式计算法和经验值查表法。有关手册给出了许多计算弯曲回弹的公式和图表，选用时应特别注意它们的适用条件。由于弯曲件的回弹值受诸多因素的综合影响，如材料性能的差异、弯曲件形状、毛坯非变形区的变形回弹、弯曲方式、模具结构等，计算和查表只能是近似的，还需在生产实践中进一步试模修正，同时可采用一些行之有效的工艺措施来减少回弹。

4. 减少回弹的措施

弯曲件产生的回弹会造成形状和尺寸误差，很难获得合格的制件。因此，生产中要采取措施来控制和减小回弹。常用控制弯曲件回弹的措施有以下几种。

1）在工件设计上，改进结构使回弹角减小

在变形区压加强肋或压成形边翼，增加弯曲件的刚性，使弯曲件回弹困难，如图 3-8 所示。

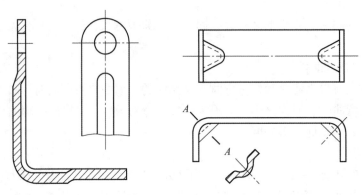

图 3 – 8　弯曲区的加强筋

2）优化零件生产工艺

对一些硬材料和已经冷作硬化的材料，弯曲前先进行退火处理，降低其硬度，以减少弯曲时的回弹，待弯曲后再淬硬。在条件允许的情况下，甚至可使用加热弯曲。

在工艺上，也可采取校正弯曲代替自由弯曲，对弯曲件施加较大的校正压力，改变其变形区的应力应变状态，以减少回弹量。

对于相对弯曲半径很大的弯曲件，由于变形区大部分处于弹性变形状态，故弯曲回弹量很大，此时可以采用拉弯工艺，如图 3 – 9 所示。

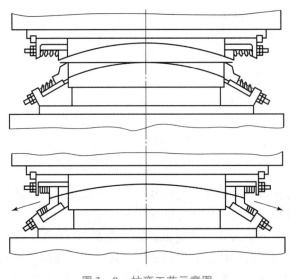

图 3 – 9　拉弯工艺示意图

3）改善模具结构

（1）补偿法。

利用弯曲件不同部位回弹方向相反的特点，按预先估算或试验所得的回弹量，修正凸模与凹模工作部分的尺寸和几何形状，以相反方向的回弹来补偿工件的回弹量，如图 3 – 10 所示，其中图 3 – 10（a）所示为单角弯曲时，根据工件可能产生的回弹量，将回弹角做在凹模上，使凹模的工作部分具有一定斜度。图 3 – 10（b）所示为双角弯曲时的凸、凹模补偿形式。双角弯曲时，可以将弯曲凸模两侧修去回弹角，并保持弯曲模的单面间隙等于最小料厚，促使工件贴住凸模，开模后工件两侧回弹至垂直。图 3 – 10（c）所示为将模具底部做成圆弧形，利用开模后底部向下的回弹作用来补偿工件两侧向外的回弹。

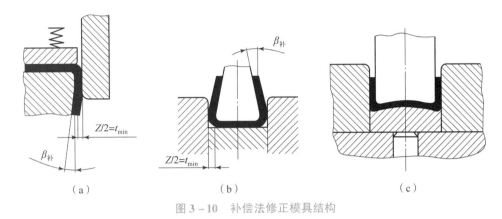

图 3 – 10　补偿法修正模具结构

（2）校正法。

当材料厚度在 0.8 mm 以上，塑性比较好，而且弯曲圆角半径不大时，可以改变凸模结构，使校正力集中在弯曲变形区，加大变形区应力应变状态的改变程度，从而使内外侧回弹趋势相互抵消，如图 3 – 11 所示。

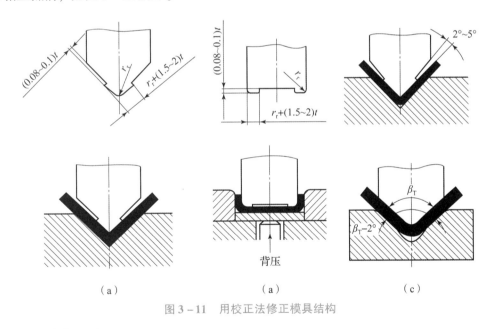

图 3 – 11　用校正法修正模具结构

（3）纵向加压法。

在弯曲过程完成后，利用模具的凸肩在弯曲件的端部纵向加压（见图 3 – 12），使弯曲变形区横断面上都受到压应力，卸载时工件内、外侧的回弹趋势相反，使回弹大为降低。利用这种方法可获得较精确的弯边尺寸，但对毛坯精度要求较高。

（4）采用聚氨酯弯曲模。

利用橡胶或聚氨酯软凹模代替金属刚性凹模进行弯曲，如图 3 – 13 所示。通过调节凸模压入软凹模深度的方法控制弯曲角度，使卸载回弹后所得零件的角度符合精度要求。

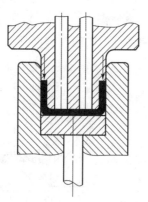

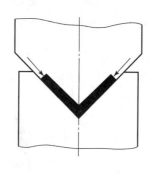

图 3 – 12　纵向加压法

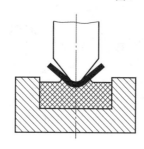

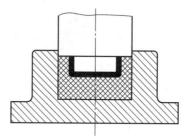

图 3 – 13　聚氨酯弯曲模

知识点四　弯曲件毛坯展开尺寸的计算

在进行弯曲工艺和弯曲模具设计时，要计算出弯曲件毛坯的展开尺寸。计算的依据是：变形区弯曲变形前后体积不变；应变中性层在弯曲变形前后长度不变，即弯曲变形区的应变中性层长度就是弯曲件的展开尺寸，也就是所要求的毛坯长度。

1. 中性层位置的确定

中性层的曲率半径和弯曲变形程度有关，在弹性弯曲时应变中性层与应力中性层是重合的，且通过毛坯横截面中心。在塑性弯曲中，当变形程度较小时，通常也认为应变中性层与弯曲毛坯截面中心轨迹相重合。但板料在实际弯曲生产中，冲压件的弯曲变形程度较大，此时应变中性层不与毛坯截面中心层重合，而是向内侧移动。在生产实际中为了使用方便，通常采用下面的经验公式确定中性层的位置：

弯曲毛坯
展开尺寸的计算

$$\rho = r + xt \qquad (3-1)$$

式中　x——与变形程度有关的中性层位移系数，其值可由表 3 – 2 查得。

表 3 – 2　中性层位移系数 x

r/t	0.1	0.2	0.3	0.4	0.5	0.6	0.7	0.8	1	1.2
x	0.21	0.22	0.23	0.24	0.25	0.26	0.28	0.3	0.32	0.33
r/t	1.3	1.5	2	2.5	3	4	5	6	7	≥8
x	0.34	0.36	0.38	0.39	0.4	0.42	0.44	0.46	0.48	0.5

2. 弯曲件毛坯展开长度的计算

确定了中性层位置后，即可进行弯曲件毛坯长度的计算，一般将 $r > 0.5t$ 的弯曲称为有圆角半径的弯曲，$r \leqslant 0.5t$ 的弯曲称为无圆角半径的弯曲。

1）有圆角半径的弯曲（$r > 0.5t$）

有圆角半径的弯曲件，如图 3 – 14 所示，毛坯展开尺寸等于弯曲件直线部分长度与圆弧部分长度的总和。

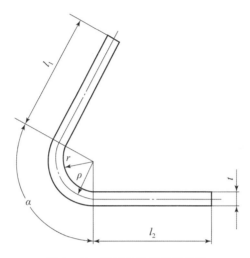

图 3 – 14　有圆角半径的弯曲件

$$L = \sum l_i + \sum \frac{\pi \alpha_i}{180°}(r_i + x_i) \qquad (3-2)$$

式中　L——弯曲件毛坯总长度（mm）；

　　　l_i——各段直线部分长度（mm）；

　　　α_i——各段圆弧部分弯曲中心角（°）；

　　　r_i——各段圆弧部分弯曲半径（mm）；

　　　x_i——各段圆弧部分中性层位移系数。

2）无圆角半径的弯曲

无圆角半径弯曲件的展开长度一般根据弯曲前后体积相等的原则，考虑到弯曲圆角变形区以及相邻直边部分的变薄因素，采用经过修正的公式来进行计算，见表 3 – 3。

表 3 – 3　$r \leqslant 0.5t$ 的弯曲件毛坯展开长度计算表

简图	计算公式	简图	计算公式
	$L = l_1 + l_2 + 0.4t$		$L = l_1 + l_2 + l_3 + 0.6t$（一次同时弯曲两个角）

简图	计算公式	简图	计算公式
	$L = l_1 + l_2 - 0.4t$		$L = l_1 + 2l_2 + 2l_3 + t$ （一次同时弯曲 4 个角）
			$L = l_1 + 2l_2 + 2l_3 + 1.2t$ （分为两次弯曲 4 个角）

通常板料弯曲中绝大部分属宽板弯曲，沿宽度方向的应变 $\varepsilon_b \approx 0$。根据变形区弯曲变形前后体积不变的条件，板厚减薄的结果必然使板料长度增加。相对弯曲半径 r/t 越小，板厚变薄量越大，板料长度增加越大。对于相对弯曲半径 r/t 较小的弯曲件，必须考虑弯曲后材料的增长。此外，还有许多因素影响了弯曲件的展开尺寸，例如材料性能、凸模与凹模的间隙、凹模圆角半径以及凹模深度、模具工作部分表面粗糙度等；变形速度、润滑条件等对其也有一定的影响。因此，按以上方法计算得到的毛坯展开尺寸，仅适用于一般形状简单、尺寸精度要求不高的弯曲件。

对于形状复杂而且精度要求较高的弯曲件，计算所得的结果和实际情况常常会有所出入，必须经过多次试模修正，才能得出正确的毛坯展开尺寸。模具制造时首先制作弯曲模具，初定毛坯裁剪试样经试弯修正，尺寸修改正确后再制作落料模。

知识点五　弯曲力的确定

弯曲力是选择压力机吨位和设计弯曲模的重要依据。弯曲力受材料性能、零件形状、弯曲方法、模具结构、模具间隙和模具工作表面质量等多种因素的影响。因此，用理论分析的方法很难准确计算弯曲力。生产中常用经验公式概略计算弯曲力，作为设计弯曲工艺过程和选择冲压设备的依据。

弯曲力的
计算和选择

1. 自由弯曲时的弯曲力

V 形弯曲件弯曲力：

$$F_{自} = \frac{0.6\ kb\sigma_b t^2}{r + t} \qquad (3-3)$$

U 形弯曲件弯曲力：

$$F_{自} = \frac{0.7\ kb\sigma_b t^2}{r + t} \qquad (3-4)$$

式中　$F_{自}$——冲压行程结束时的自由弯曲力，N；

　　　k——安全系数，一般取 1.3；

　　　b——弯曲件的宽度，mm；

　　　t——弯曲材料的厚度，mm；

　　　r——弯曲件的内弯曲半径，mm；

　　　σ_b——材料的强度极限，MPa。

2. 校正弯曲时的弯曲力

校正弯曲是在自由弯曲阶段后，进一步对贴合凸模、凹模表面的弯曲件进行挤压，其校正力比自由压弯力大得多。由于这两个力先后作用，故校正弯曲时只需计算校正弯曲力。V形弯曲件和U形弯曲件均按下式计算：

$$F_{校} = qA \qquad (3-5)$$

式中，$F_{校}$——校正弯曲时的弯曲力，N；

A——校正部分垂直投影面积，mm^2；

q——单位面积上的校正力，MPa，其值见表3–4。

表3–4　校正弯曲时单位压力 q 值

材料名称	板料厚度 t/mm			
	<1	1~3	3~6	6~10
铝	10~20	20~30	30~40	40~50
黄铜	20~30	30~40	40~60	60~80
10、15、20 钢	30~40	40~60	60~80	80~100
25、30 钢	40~50	50~70	70~100	100~120

3. 顶件和压料力

对于设有顶件装置或压料装置的压弯模，顶件力或压料力 F_Q 值可按下式确定：

$$F_Q = (0.3 \sim 0.8)F_{自} \qquad (3-6)$$

4. 压力机吨位的确定

自由弯曲时压力机吨位应为

$$F_{压机} \geq F_{自} + F_Q \qquad (3-7)$$

由于校正力是发生在接近压力机下死点的位置，校正力的数值比自由弯曲力、顶件力和压料力大得多，故 $F_{自}$、F_Q 值可忽略不计，按校正弯曲力选择压力机的吨位，则：

$$F_{压机} \geq F_{校} \qquad (3-8)$$

知识点六　弯曲件结构工艺性分析

弯曲件的结构应具有良好的工艺性，这样可简化工艺过程，并可提高弯曲件的尺寸精度。弯曲件的结构工艺性分析是根据弯曲过程的变形规律，并总结弯曲件实际生产经验提出的，其中最小弯曲半径和弯曲回弹的论述是弯曲工艺性分析的重要内容。对于弯曲件的工艺性要求论述如下。

弯曲件
工艺性分析

1. 弯曲件的弯曲半径

弯曲件的弯曲半径不宜过大和过小，过大会受回弹的影响，弯曲件的精度不易保证；过小会导致零件被拉裂。生产中弯曲半径的取值应大于表3–1所列的最小相对弯曲半径，否则应选用多次弯曲，并在两次弯曲之间增加中间退火工序。对厚度较厚的弯曲件，可在弯曲角内侧开槽后再进行弯曲，如图3–15所示。

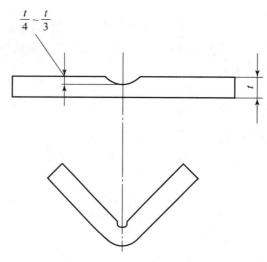

图 3 – 15　厚件开槽弯曲

2. 弯曲件形状与尺寸的对称性

弯曲件的形状与尺寸应尽可能对称，高度也不应相差太大。当生产不对称的弯曲件时，因受力不均匀，毛坯容易偏移（见图 3 – 16），尺寸不易保证。为防止毛坯的偏移，在设计模具结构时应考虑增设压料板，或增加工艺孔定位。

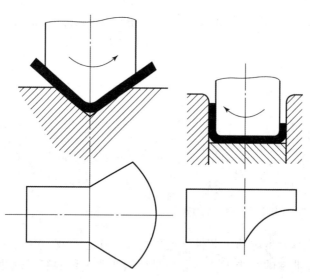

弯曲偏移

图 3 – 16　弯曲毛坯的偏移影响

3. 弯曲件直边高度对弯曲的影响

在工件弯曲 90° 时，为了保证弯曲件直边平直，其直边高度 h 不应小于 $2t$ ［见图 3 – 17（a）］，最好大于 $3t$，否则需先压槽或加高直边，弯曲后切掉，如图 3 – 17（b）所示。如果所弯直边带有斜线，且斜线达到变形区造成开裂，则应改变零件的形状，如图 3 – 17（c）和图 3 – 17（d）所示。

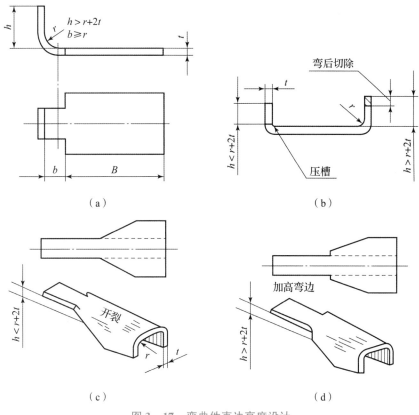

（a）　　　　　　　　　　　　　　（b）

（c）　　　　　　　　　　　　　　（d）

图 3 – 17　弯曲件直边高度设计

4. 弯曲件孔的位置

对于带孔的弯曲件，若先冲好再将毛坯弯曲，则孔的位置应处于弯曲变形区外，否则孔的形状会发生畸变。因此，孔边到弯曲半径 r 中心的距离（见图 3 – 18）要满足以下关系：

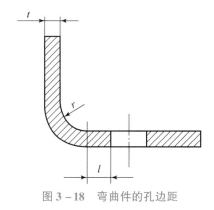

图 3 – 18　弯曲件的孔边距

当 $t < 2$ mm 时，$l \geq t$；

当 $t \geq 2$ mm 时，$l \geq 2t$。

如不能满足上述规定，且孔的公差等级要求较高，则弯曲成形后再冲孔。如果工件的结构允许，则可在弯曲变形区上预先冲出工艺孔或工艺槽，以改变变形区范围，可通过工艺孔的变形来保证所要求的孔不产生变形，如图 3 – 19 所示。

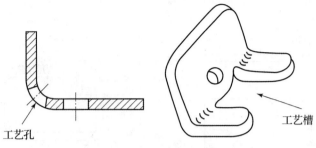

图 3-19　防止孔变形的措施

5. 防止弯曲边交接处应力集中的措施

当弯曲图 3-20 所示弯曲件时，为防止弯曲边交接处由于应力集中可能产生的畸变和开裂，可预先在折弯线的两端冲裁卸荷孔或卸荷槽，也可以将弯曲线移动一段距离，以离开尺寸突变处。

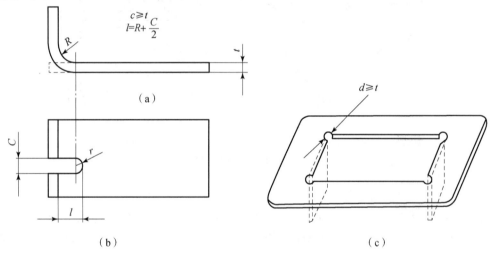

图 3-20　防止应力集中的措施
（a）开槽；（b）冲孔；（c）弯曲线移动

6. 弯曲件尺寸的标注应考虑工艺性

弯曲件尺寸标注不同，会影响冲压工序的安排。如图 3-21（a）所示的弯曲件尺寸标注，孔的位置精度不受毛坯展开尺寸和回弹的影响，可简化冲压工艺，即先落料冲孔，然后再弯曲成形。如图 3-21（b）和图 3-21（c）所示的标注法，冲孔只能安排在弯曲工序之后进行，才能保证孔位置精度的要求。若弯曲件无装配关系，则应考虑图 3-21（a）所示的标注方法。

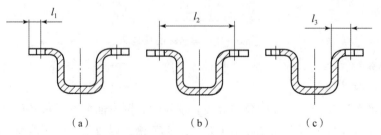

图 3-21　尺寸标注对弯曲工艺的影响

知识点七 弯曲模具结构分析

弯曲模结构设计

弯曲件种类繁多，为了适应不同的弯曲成形需要，弯曲模的型式也是多种多样的。现列举几种典型的构造。

1. V 形件弯曲模

V 形件形状简单，是应用最广的弯曲模，通常凸模经一次冲程只完成一次弯曲。其模具构造如图 3 - 22 所示。

凹模摆动
四角弯曲模

凹模摆动弯曲模

凹模转动弯曲模

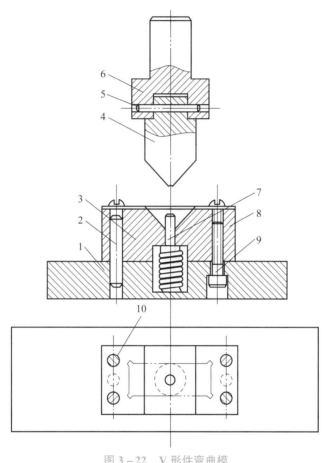

图 3 - 22　V 形件弯曲模

1—下模座；2，5—销钉；3—凹模；4—凸模；6—上模座；
7—顶杆；8—弹簧；9—螺钉；10—可调定位板

2. U 形弯曲模

图 3 - 23 所示为常见 U 形件弯曲模结构。图 3 - 23 (a) 所示为开底凹模，用于精度不高的自由弯曲；如图 3 - 23 (b) 所示结构用于底部平整度有要求的弯曲件；如图 3 - 23 (c) 所示结构用于外形尺寸精度要求较高的弯曲件，凸模采用活动结构；如图 3 - 23 (d) 所示结构用于内形尺寸精度有要求的弯曲件，凹模的两侧采用活动结构；如图 3 - 23 (e) 所示结构中凹模设计成为转轴铰链式结构，凹模活动镶块与顶板用转轴铰接，这样对两侧有孔并要求同轴的弯曲件能实现精密弯曲；如图 3 - 23 (f) 所示结构为变薄弯曲模。

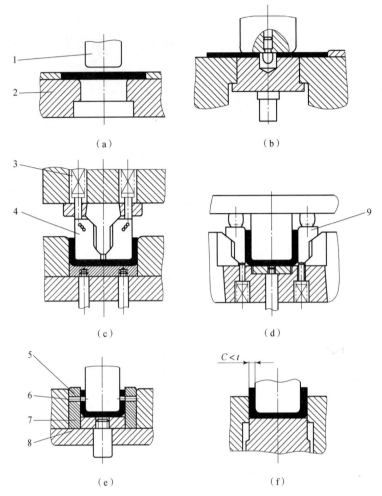

图3-23 U形件弯曲模结构

1—凸模；2—凹模；3—弹簧；4—凸模活动镶块；

5、9—凹模活动镶块；6—定位销；7—转轴；8—顶板

对于弯曲角小于90°的U形件，可在两弯曲角处设置活动凹模镶块，弯曲模下降到与镶块接触时，推动活动凹模镶块摆动，并使材料包紧凸模。这种弯曲模的凸模下端制成燕尾形，凹模工作部分开有燕尾槽的转轴，转轴由弹簧拉至开启位置，在凸模的一次行程中，先将平板毛料弯成U形，然后连同U形半成品一起压向转轴上燕尾槽的底面，转轴因而转动，将U形压弯成小于90°的U形件。这种模具构造比较复杂，如图3-24所示。

3. Z形件弯曲模

Z形件一次弯曲即可成形，如图3-25（a）所示的弯曲模具结构简单，由于没有压料装置，毛坯受力后容易滑动，仅用于精度不高的Z形件弯曲；如图3-25（b）所示结构设置了能够防止毛坯件受力滑移的定位销2和顶板1；图3-25（c）所示为两直边折弯方向相反的Z形件弯曲模，该模具由两件凸模（4、10）联合弯曲，为防止料的偏移，设置了定位销2和弹性顶板1。

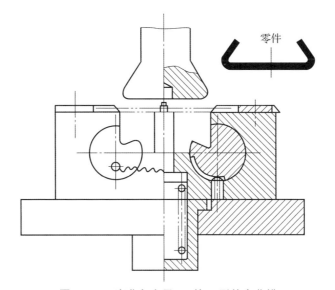

零件

∏形件弯曲成形

图 3 – 24　弯曲角小于 90°的 U 形件弯曲模

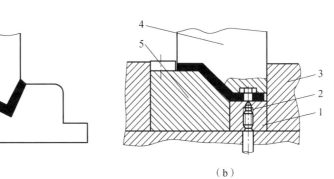

Z 形件弯曲成形

（a）　　　　　　　　　　　　　（b）

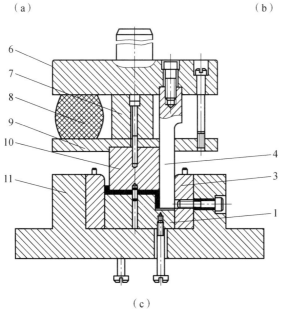

（c）

图 3 – 25　Z 形件弯曲模具

1—顶板；2—定位销；3—侧压块；4—凸模；5—凹模；
6—定位销；7—压块；8—橡皮；9—凸模固定板；10—活动凸模；11—下模座

任务三　弯曲件成形

4. 圆形件弯曲模

圆形件的弯曲方法根据圆的直径大小而不同，一般分为小圆弯曲模和大圆弯曲模。

1）直径 $d \leqslant 5$ mm 的小圆弯曲件

该类弯曲件一般是先弯成 U 形，然后再弯成圆形，如图 3-26 所示。

小圆弯曲模

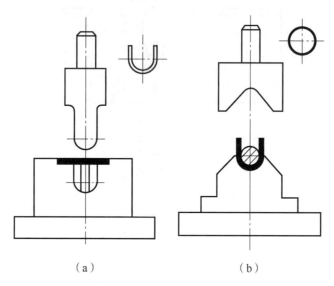

（a）　　　　　　　　　（b）

图 3-26　小圆形件两次弯曲成形模

2）直径 $d \geqslant 20$ mm 的大圆弯曲件

圆筒直径 $d \geqslant 20$ mm 的大圆，其弯曲方法是先将毛坯弯成波浪状，然后再弯成圆筒形，如图 3-27 所示。弯曲完成后，工件从凸模轴向取出。

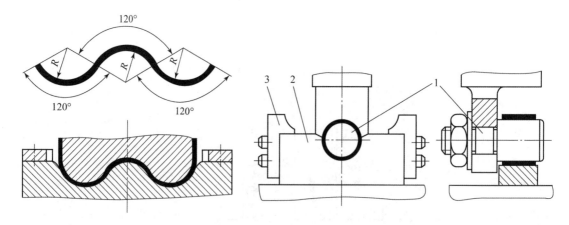

图 3-27　大圆两次弯曲模
1—凸模；2—凹模；3—定位板

摆块弯曲

【任务实施】

V 形件弯曲成形任务实施过程见表 3-5。

表 3 – 5　V 形件弯曲成形任务实施过程

序号	实施项目	操作步骤	实施要点	备注
1	准备工作	毛料准备：10 钢板		
2		工艺装备： （1）划线平板； （2）划规； （3）钢板尺； （4）样板； （5）钳工台案； （6）锉刀； （7）手动剪； （8）剪板机； （9）橡皮榔头； （10）V 形弯曲模		
3	任务实施	读懂零件图样，明确工作任务，领取符合材料牌号、规格的板料		
4		毛坯料的尺寸计算		
5		根据图样计算毛料尺寸，划线，用剪板机下料，手动剪修形		
6		去除毛刺，修光毛料边缘		
7		选用最小弯曲半径		
8		确定弯曲过程中的弯曲力		
9		选取合适的压弯模具并检查模具工作状态		
10		按图纸尺寸进行试加工，直至零件合格		
11		按图样要求全面检查工件形状、尺寸，进行校验和修正，直至符合质量要求		
12		在工件表面指定位置做好班级、学号、姓名标记，上交工件		
13	任务结束	清理保养设备，清扫工作场地		
14		清点工具和量具，并摆放整齐		
15		保持工作场地整洁、卫生，做到安全文明生产		

【任务评价】

根据表 3 – 6 评价标准，对任务完成情况进行评价和总结。

077

表 3－6 V形件弯曲任务评价标准

序号	评价项目	评价内容	配分	评分标准 合格	评分标准 超差	学生互评（40%）	教师评价（60%）	备注
1	专业能力	V形件的外形尺寸符合图纸要求，公差等级 IT14 级	10	10	6			
2		最小弯曲半径的确定	10	10	8			
3		毛坯料尺寸的计算	10	10	8			
4		剪板机的使用	10	视操作规范性附分，优秀者可增值附分				
5		手动剪的使用	10	视操作规范性附分，优秀者可增值附分				
6		弯曲力的确定	10	10	8			
7		弯曲模具的使用	10	视操作规范性附分，优秀者可增值附分				
8	职业素养	严格遵守操作规程，严禁违规作业	10	视违反规定严重性扣除分值				
9		团队合作意识，互相协作良好	10	视情况附分，优秀者可增值附分				
10		态度端正严谨，绿色环保，不造成材料浪费	10	视情况附分，优秀者可增值附分				

【思考与练习】

（1）什么是压弯？常采用的压弯设备有哪些？

（2）弯曲的变形程度用什么来表示？极限变形程度受到哪些因素的影响？

（3）为什么说弯曲回弹是弯曲工艺不能忽略的问题？试述减小弯曲回弹的常用措施。

（4）常用的弯曲模具有哪几种形式？

（5）弯曲件弯曲工序的安排要注意什么？

发现梁的中性层

梁（板）在发生弯曲变形时，一侧纤维受拉，另一侧纤维受压，从受拉一侧到受压一侧必然存在一层既不受拉、又不受压的中间纤维层，这一层上的纤维保持与变形前相同且应力为零，被称为梁的中性层。可以说人们认识了中性层才真正理解了梁的弯曲。

然而，力学概念很多都建立在高度理性思维分析的基础之上，其是一个曲折的探索、尝试而逐渐明晰的过程，人们对于中性层的认识也经历这样漫长的阶段。在中性层的发展中，伽利略和马略特做出了奠基性的贡献，虽然他们没有提出中性层的概念，但他们对梁的分析方法以及对中性层的认识，在很长一段时间内都占据着很重要的地位。

Galileo di Vincenzo Bonaulti de Galilei
（1564 — 1642）意大利

1638 年，《关于两门新科学的对话》

伽利略最早系统研究梁的强度，但此时还没有中性层的概念

Edme Mariotte（1620 —1684)）
英国

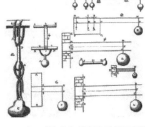

1686 年，《论水和其他流体的运动》

马略特认为截面上应力按线性分布，最下层为零，默认了最下层为中性层

法国科学家帕朗是第一个认真讨论中性层的力学家，他指出当载荷加大时，中性轴（中性层与所研究截面的交线）会移动，在断裂时它将接近凹面边界处的切线。帕朗将自己分析得到的应力分布用于分析马略特的实验结果，得到了中性轴距离梁顶端的距离与梁高度之比为 9：1 的结果。这个错误结论的产生，主要是没能区分梁的弹性变形与塑性变形，将两者视为相同。这预示着对中性层的认识必须先区分弹性和塑性变形。

1713 年，《数学及物理研究》

考虑悬臂梁受载荷 L 作用，设 AB 端的内力分布如图（b）所示，其合力为 F，F 与 L 的合力通过 B，由于 B 点不能独立承担压力，所以压力区域是比 B 点大的一个区域，即图（c）所示的两个三角区

帕朗是第一个认真讨论中性层的力学家，经过研究，他认为矩形截面梁上受拉一侧与梁总高度的关系为 9:11。虽然还不正确，但已前进了一大步

　　法国力学家纳维很清晰地区分了梁的弹性变形和永久性变形，并指出只有在弹性范围内力和变形才满足虎克定律，这为他发现中性层奠定了基础。在中性轴的分析中纳维实现了多次自我转变，起初他沿用马略特和雅各布的结论，认为中性轴不重要，1819 年修正为"拉应力对中性轴的力矩必与压应力对此轴的力矩相等"；1826 年修正为："当材料服从虎克定律时，中性轴通过截面的形心"。至此，关于梁的中性层以及正确的应力分布问题尘埃落定。

Claude-Louis Navier
（1785 —1836）

1864《有关将力学应用于建筑和机械制造的课程的总结》

假定弯曲发生在和力所作用的同一平面内，他的分析只符合具有对称平面的梁，且载荷需作用在该平面内才有效。他假定横截面在弯曲时仍保持为平面，应用三个静力学方程，断定中性轴通过截面的形心。假定挠度很小时，挠曲线方程为

$$EI\ \frac{\mathrm{d}^2 y}{\mathrm{d}x^2}=M$$

I 即为截面对中性轴的惯性矩。

1826 年，纳维出版《材料力学》，书中开头纳维就提到最重要的是要寻求结构保持完全弹性而不发生永久变形时的极限，将梁的变形限定在弹性范围内

任务四

拉深件成形

【任务导言】

拉深是指将一定形状的平板毛坯通过拉深模压制成各种形状的开口空心件，或将已开口空心件毛坯通过拉深进一步使空心件改变形状和尺寸的一种冲压加工方法，是钣金成形工艺之一，如图 4 - 1 所示。

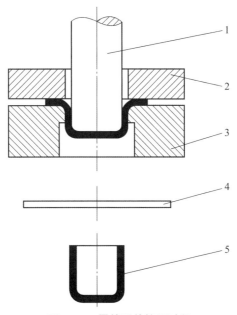

图 4 - 1　圆筒形件拉深过程

1—凸模；2—压边圈；3—凹模；4—坯料；5—拉深件

【任务内容】

拉深变形的过程分析、拉深过程中零件的变形特点、拉深件毛坯料尺寸计算、拉深系数及其影响因素、圆筒形件的拉深次数与工序尺寸的计算、拉深工艺分析、拉深成形模具的选用等。

【学习目标】

（1）了解拉深成形的基本原理及变形过程；

（2）理解拉深过程中零件的变形特点；

（3）掌握拉深过程中各项工艺参数的选取；

（4）熟悉拉深件成形过程中的工艺性分析；

（5）掌握拉深成形工艺过程及拉深模具的选用；

（6）培养航空报国的专注之心，传承艰苦奋斗的劳模精神；

（7）形成较强的团队协作能力，渗透生产过程中的安全意识。

【任务描述】

（1）如图4-2所示圆筒形零件，按图样尺寸加工无凸缘圆筒形拉深件，合理确定拉深工艺方案，并分析加工过程中所用的模具结构。

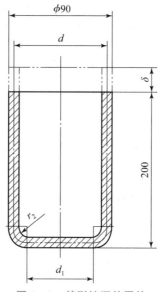

图4-2　筒形拉深件零件

（2）零件图的技术要求如下：

①材料：08钢板，厚度 $t = 2$ mm。

②未注公差 IT13 级。

③零件厚度均匀，无破裂等缺陷。

【任务引导】

引导问题一：什么是拉深成形？拉深成形中常见的问题有哪些？

引导问题二：圆筒形拉深件坯料尺寸如何确定？

引导问题三：拉深件拉深系数及拉深次数如何确定？

引导问题四：拉深件成形工艺的确定需考虑哪些因素？

【知识学习】

知识点一　拉深变形过程分析

现以直壁圆筒拉深件为例，说明板料拉深过程中坯料的流动情况和应力应变状态。

1. 拉深成形的基本原理

为了了解材料的流动情况，可以利用如图4－3所示的网格实验来探究这一问题。实验过程如下：拉深前，在毛坯上作出距离为 a 的等距离的同心圆与相同弧度 b 辐射线组成的网格（见图4－4），然后将带有网格的毛坯进行拉深。通过比较拉深前后网格的变化情况，来了解材料的流动情况。实验发现，拉深后筒底部的网格变化不明显，而侧壁上的网格变化很大，拉深前等距离的同心圆拉深后变成了与筒底平行的不等距离的水平圆周线，越靠近口部圆周线的间距越大，即：$a_1 > a_2 > a_3 > \cdots > a$；原来分度相等的辐射线拉深后变成了相互平行且垂直于底部的平行线，其间距也完全相等，即：$b_1 = b_2 = b_3 = \cdots = b$；原来形状为扇形网格 A_1，拉深后在工件的侧壁变成了矩形网格 A_2，离底部越远矩形的高度越大。

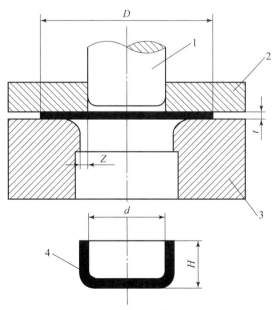

图 4－3　直壁圆筒件拉深变形过程

1—凸模；2—压边圈；3—凹模；4—工件

圆筒形件拉深时
材料的变形分析

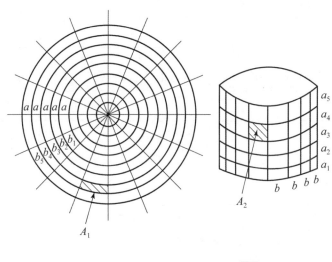

图 4 - 4　拉深过程网格变化

综上所述，拉深变形过程可以总结如下：

拉深过程中，毛坯受凸模拉深力的作用，在凸缘毛坯的径向产生拉伸应力，切向产生压缩应力。在它们的共同作用下，凸缘变形区材料发生了塑性变形，并不断被拉入凹模内形成筒形拉深件。

2. 拉深成形过程中材料的变形分析

拉深变形后，沿圆筒形制件侧壁材料厚度和硬度变化如图 4 - 5 所示。可以看出圆筒拉深件底部厚度略有变薄，且筒壁从下向上逐渐增厚。此外，沿高度方向零件各部分的硬度也不同，越到零件口部硬度越高，这些说明了在拉深变形过程中坯料的变形极不均匀。在拉深的不同时刻，毛坯内各部分由于所处的位置不同，毛坯的变化情况也不一样，可通过分析在拉深过程中变形材料内各部分的应力与应变状态来了解拉深变形过程。

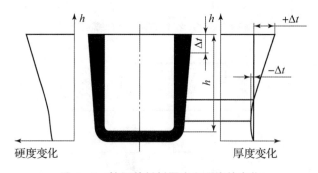

图 4 - 5　拉深件材料厚度和硬度的变化

以带压边圈的直壁圆筒形件的首次拉深为例，说明在拉深过程中的某一时刻毛坯的变形和受力情况，如图 4 - 6 所示。假设 σ_1、ε_1 为毛坯的径向应力与应变，σ_2、ε_2 为毛坯的厚向应力与应变，σ_3、ε_3 为毛坯的切向应力与应变。

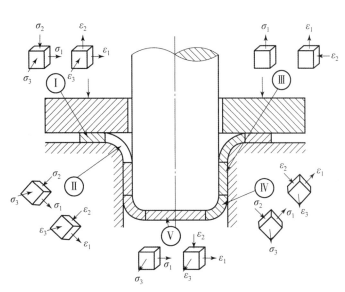

图 4-6 拉深中毛坯的应力应变情况

根据圆筒件各部位的受力和变形性质的不同，可将整个变形毛坯分为以下五个区域：

1) 平面凸缘区——主变形区

凸缘是拉深变形的主要塑性变形区，也是扇形网格变成矩形网格的区域。此处材料被拉深凸模拉入凸模与凹模之间的间隙而形成筒壁。这一区域变形材料主要承受切向的压应力 σ_3 和径向的拉应力 σ_1，厚度方向承受由压边力引起的压应力 σ_2 的作用，该区域是二压、一拉的三向应力状态。

由网格实验知：切向压缩与径向伸长的变形均由凸缘的内边向外边逐渐增大，因此 σ_1 和 σ_3 的值也是变化的。当变形材料在凸模力的作用下挤入凹模时，切向产生压缩变形 ε_3，径向产生伸长变形 ε_1；而厚度方向的变形 ε_2 取决于 σ_1 和 σ_3 之间的比值。当 σ_1 的绝对值最大时，则 ε_2 为压应变；当 σ_3 的绝对值最大时，ε_2 为拉应变。因此该区域的应变也是三向的。

在凸缘的最外缘需要压缩的材料最多，因此此处的 σ_3 是绝对值最大的主应力，凸缘外缘的 ε_2 应是伸长变形。如果此时 σ_3 值过大，则此处材料因受压过大失稳而起皱，导致拉深不能正常进行。

2) 凹模圆角区——过渡区

这是凸缘和筒壁部分的过渡区，材料的变形比较复杂，除有与凸缘部分相同的特点，即径向受拉应力 σ_1 和切向受压应力 σ_3 作用外，厚度方向上还要受凹模圆角的压力和弯曲作用产生的压应力。该区域的变形状态也是三向的：ε_1 是绝对值最大的主应变（拉应变），ε_2 和 ε_3 是压应变，此处材料厚度减薄。

3) 筒壁部分——传力区

这是由凸缘部分材料塑性变形后转化而成，已经形成筒形，材料不再发生大的变形。它将凸模的作用力传给凸缘变形区的材料，因此是传力区。拉深过程中直径受凸模的阻碍不再发生变化，即切向应变 ε_3 为零。如果间隙合适，厚度方向上将不受力的作用，即 σ_2 为零。σ_1 是凸模产生的拉应力，由于材料在切向受凸模的限制不能自由收缩，故 σ_3 也是拉应力。

因此变形与应力均为平面状态，其中 ε_1 为伸长应变，ε_2 为压缩应变。径向的伸长是靠壁厚的变薄来实现的，故筒壁上厚下薄。

4）凸模圆角区——过渡区

这是筒壁和圆筒底部的过渡区，材料承受筒壁较大的拉应力 σ_1、凸模圆角的压力及弯曲作用产生的压应力 σ_2 和切向拉应力 σ_3。在这个区域的筒壁与筒底转角处稍向上的位置，拉深开始时材料处于凸模与凹模间，需要转移的材料较少，受变形的程度小，冷作硬化程度低，这部分材料变薄最严重，成为拉深件中最薄弱的区域，通常把这个区域内的最小截面称为"危险断面"。

5）圆筒底部——小变形区

这部分材料处于凸模下面，从一开始就被拉入到凹模内，始终保持平面形状。它受两向拉应力 σ_1 和 σ_3 的作用，相当于周边受均匀拉力的圆板。此区域的变形是三向的，ε_1 和 ε_3 为拉伸应变，ε_2 为压缩应变。由于凸模圆角处的摩擦制约了底部材料的向外流动，故圆筒底部变形不大，厚度略有变薄，一般可忽略不计。

知识点二 拉深过程中零件的变形特点

综合对拉深过程的应力和应变分析可以看出，拉深件的应力应变状态不同，会产生一些特定的现象，如起皱、拉裂、凸耳、回弹、厚度不均及加工硬化。

1. 起皱

1）起皱机理及类型

起皱指的是拉深成形中凸缘材料沿切向形成高低不平的局部皱褶。由应力分析可知，拉深时凸缘变形区的材料在切向受到压应力的作用。当应力过大，材料又较薄，超过此时材料所能承受的临界压应力时，材料就会失稳弯曲而拱起，如图 4-7 所示。起皱在拉深薄料时更容易发生，而且首先在凸缘的外缘开始，因为此处的应力值最大。因此，起皱的主要原因是压缩失稳，而周向压缩应力并不是引起皱褶的唯一原因。皱褶的产生受到诸多因素的影响，如拉深系数、板料的相对厚度、模具结构类型与几何参数、润滑状态和材料硬化指数等。

圆筒件拉伸时
出现的问题
及防治措施

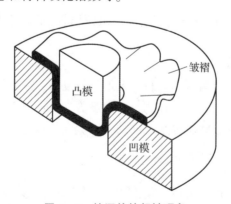

图 4-7 拉深件的起皱现象

起皱的条件和皱褶的大小主要决定于变形程度和材料的抗压失稳刚度。变形程度用拉深系数表示，而板料的抗压失稳刚度可用板料的相对厚度 (t_0/D_0) 来表示。

根据皱褶出现的部位不同，起皱有外皱和内皱之分。外皱指出现拉深件凸缘外区的皱褶，内皱指出现在凸模和凹模之间悬空部分材料上的皱褶，如图4-8所示。

图4-8　外皱和内皱

(a) 外皱；(b) 内皱

变形区一旦起皱，对拉深的正常进行是非常不利的。因为毛坯起皱后，拱起的皱褶很难通过凸、凹模间隙被拉入凹模，如果强行拉入，则拉应力迅速增大，容易使毛坯受过大的拉力而导致断裂报废。即使模具间隙较大，或者起皱不严重，拱起的皱褶能勉强被拉进凹模内形成筒壁，皱褶也会留在工件的侧壁上，从而影响零件的表面质量。同时，起皱后的材料在通过模具间隙时与凸模、凹模间的压力增加，导致与模具间的摩擦加剧，磨损严重，使得模具的寿命大为降低。因此，起皱应尽量避免。

2）起皱的关键因素

预防拉深中发生起皱，可从以下几个关键因素着手：

（1）凸缘部分材料的相对厚度。

凸缘相对料厚越大，即变形区较小较厚，则抗失稳能力强，稳定性好，不易起皱；反之，材料抗纵向弯曲能力弱，容易起皱。

（2）切向压应力 σ_3 的值。

拉深时 σ_3 的值决定于变形程度，变形程度越大，需要转移的剩余材料越多，加工硬化现象越严重，则 σ_3 越大，就越容易起皱。

（3）材料的力学性能。

板料的屈强比 σ_s/σ_b 小，则屈服极限小，变形区内的切向压应力也相对减小，因此板料不容易起皱。当板料厚向异性系数 r 大于1时，说明板料在宽度方向上的变形易于厚度方向，材料易于沿平面流动，因此不容易起皱。

（4）凹模工作部分的几何形状。

与普通的平端面凹模相比，锥形凹模允许用相对厚度较小的毛坯而不致起皱。

3）防皱措施

在拉深成形过程中，起皱与否的极限条件可用经验公式判定，即：

$$t_0/D_0 \geq k(1-m) \tag{4-1}$$

式中　t_0，D_0——拉深毛坯的厚度和直径；

　　　m——拉深系数；

　　　k——修正系数。

若拉深件的拉深系数和板料的相对厚度不能满足公式，则可能起皱。为保证拉深过程顺利进行且使产品质量符合要求，必须采取措施防止失稳起皱。

（1）固定压边圈。

所谓压边圈就是将凸缘材料压紧在凹模面上限制起皱的一块板件。固定压边圈即压边圈刚性地固定在凹模上，与凹模之间的间隙是固定不变的。

筒形拉深件采用压边圈的条件见表 4-1。

表 4-1　筒形拉深件采用压边圈的条件　　　　　　　　　　　　　　mm

拉深方法	首次拉深		以后各次拉深	
	$(t/D) \times 100$	m_1	$(t/d_{n-1}) \times 100$	m_n
用压边圈	<1.0	<0.6	<1	<0.8
可用可不用	1.5~2.0	0.6	1~1.5	0.8
不用压边圈	>2.0	>0.6	>1.5	>0.8

（2）弹性压边圈

弹性压边圈是拉深模中最为普遍的压边装置，其典型结构如图 4-9 所示，压边圈与弹性元件连接在一起，其与凹模面之间的间隙是变化的。弹性压边圈的压力预先可以估算，从而保证良好的压边效果。

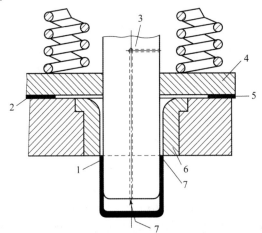

图 4-9　弹性压边圈

1，7—脱件；2，5—定位圈；3—凸膜；4—压边圈；6—凹膜；8—气孔

压边力可由缓冲器来提供，缓冲器通常装在下模座或冲床下台面上，理想的压边力在技术上是很难提供的，生产中常用经验法近似估算压边力的最小值。图 4-10 所示为三种常见的压边装置，即橡皮垫式压边装置［见图 4-10（a）］、弹簧垫式压边装置［见图 4-10（b）］、气垫式压边装置为［见图 4-10（c）］，这三种压边装置压边力的变化曲线如图 4-10（d）所示。

（3）防皱埂。

防皱埂又称为拉深筋，是防止内皱的有效手段。防皱埂就是在凹模面上设置筋条，使材料从凸缘进入凹模型腔时，在防皱埂上产生弯曲和反弯曲变形，从而使凸模和凹模之间成为无约束区，材料的径向拉伸应力增大，达到防皱的目的，如图 4-11 所示。

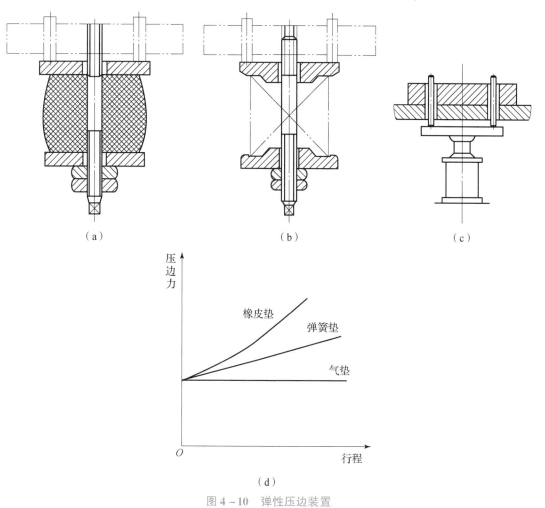

（a）　　　　　　　　　　（b）　　　　　　　　　（c）

（d）

图 4 – 10　弹性压边装置

（a）橡皮垫式压边装置；（b）弹簧垫式压边装置；（c）气垫式压边装置；（d）压边力变化曲线

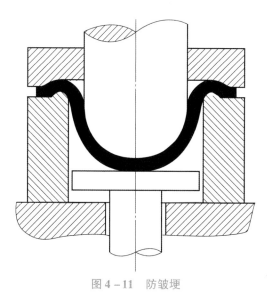

图 4 – 11　防皱埂

（4）反拉深。

多道工序拉深时，也可用反拉深防止起皱，即将前道工序拉深得到的半成品套在筒状凹模上进行反拉深，使毛坯内表面变成外表面。由于反拉深时毛坯与凹模的包角为180°，板料沿凹模流动的摩擦阻力和变形抗力显著增大，从而使径向拉应力增大，切向压应力的作用相应减小，故能有效防止起皱，如图4-12所示。

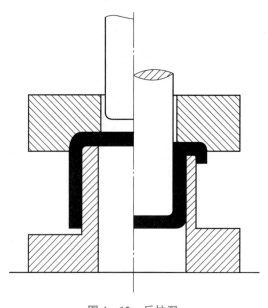

反向拉深模

图4-12　反拉深

除此之外，防皱措施还应从零件形状、模具设计、拉深工序的安排、冲压条件以及材料特性等多方面考虑。当然，零件的形状取决于它的使用性能和要求。因此，在满足零件使用要求的前提下，应尽可能降低拉深深度，以减小圆周方向的切向压应力。

在模具设计方面，应注意压边圈与拉深筋的位置和形状；模具表面形状不要过于复杂。在考虑拉深工序的安排时，应尽可能使拉深深度均匀，使侧壁斜度较小；对于深度较大的拉深零件，或者阶梯差较大的零件，可分两道工序或多道工序进行拉深成形，以减小一次拉深的深度和阶梯差。

冲压条件方面的措施主要是指均衡的压边力和润滑。凸缘变形区材料的压边力一般都是均衡的，但有的零件在拉深过程中，某个局部非常容易起皱，这就应对凸缘的该局部加大压边力。高的压边力虽不易起皱，但易发生高温黏结，因而在凸缘部分进行润滑仍是必要的。

2. 破裂

1）破裂产生的原因

拉深后得到工件的厚度沿底部向口部的方向是不同的，通常在圆筒件侧壁的上部厚度增加最多，约为30%；而在筒壁与底部转角稍上的地方板料厚度最小，厚度减少了将近10%，该处拉深时最容易被拉断，通常称此断面为"危险断面"。当该断面的应力超过此时材料的强度极限时，零件就在此处产生破裂，如图4-13所示。即使拉深件未被拉裂，由于材料变薄过于严重，故也可能使产品报废。

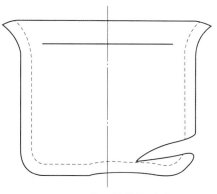

图 4 - 13　拉深件的拉裂破坏

2）破裂的预防措施

防止危险断面破裂的根本措施是减小拉深时的变形抗力，通常是根据板料的成形性能确定合理的拉深系数、采用适当的压边力和较大的模具圆角半径、改善凸缘部分的润滑条件、增大凸模表面的表面粗糙度、选用 σ_s/σ_b 比值小的材料等。

3. 硬化

拉深是一个塑性变形的过程，材料变形后必然发生加工硬化。由于拉深时变形不均匀，从底部到筒口部分塑性变形由小逐渐加大，因而拉深后变形材料的性能也是不均匀的，拉深件硬度的分布由工件底部向口部是逐渐增加的，这恰好与工艺要求相反，从工艺角度看工件底部硬化要大，而口部硬化要小。

加工硬化一方面使工件的强度和刚度高于毛坯材料，另一方面塑性降低又使材料在进一步拉深时变形困难。工艺设计，特别是多次拉深时，应正确选择各次的变形量，并考虑半成品件是否需要退火，以恢复其塑性。对一些硬化能力强的金属（不锈钢、耐热钢等）更应注意。

4. 拉深凸耳

由于金属板料的平面各向异性，导致拉深过程中沿圆筒件周向各个方位材料的变形不一致，从而在制件口部出现有规律的高低不平现象就是拉深凸耳，凸耳的数目有 2、4、6 和 8 个，视材料的异性情况而定。出现凸耳，会使零件边缘不齐，影响零件的成形质量，欲消除凸耳获得口部平齐的拉深件，只能进行修边。

5. 回弹

拉深件凸缘区的变形以塑性压缩变形为主。由于塑性变形总是伴有弹性变形，所以拉深结束后，零件会因卸载产生回弹，因此，拉深凸模需要将零件完全从凹模中顶出，否则零件会卡死在凹模模腔内。

知识点三　拉深件毛坯料尺寸计算

1. 拉深件毛坯尺寸计算的原则

1）面积相等原则

由于拉深前和拉深后材料的体积不变，故对于不变薄拉深，假设材料厚度拉深前后不变，则拉深毛坯的尺寸按"拉深前毛坯表面积等于拉深后零件的表面积"的原则来确定

圆筒件拉深
毛坯尺寸计算

（毛坯尺寸还可按等体积、等重量的原则确定）。

2）形状相似原则

拉深毛坯的形状一般与拉深件的横截面形状相似，即零件的横截面是圆形、椭圆形时，其拉深前毛坯展开形状也基本上是圆形或椭圆形。对于异形件拉深，其毛坯的周边轮廓必须采用光滑曲线连接，应无急剧的转折和尖角。

拉深件毛坯形状的确定和尺寸计算是否正确，不仅直接影响生产过程，而且对冲压件生产有很大的经济意义，因为在冲压零件的总成本中，材料费用一般占到60%以上。

由于拉深材料厚度有公差，故板料具有各向异性；由于模具间隙和摩擦阻力的不一致以及毛坯的定位不准确等，拉深后零件的口部将出现凸耳（口部不平）。为了得到口部平齐、高度一致的拉深件，需要拉深后增加切边工序，将不平齐的部分切去。所以在计算毛坯之前，应先在拉深件上增加切边余量。无凸缘零件切边余量的取值可查表4-2。

表4-2　无凸缘零件切边余量的取值 Δh

拉深件高度 h	拉深相对高度 h/d				附图
	$>0.5\sim0.8$	$>0.8\sim1.6$	$>1.6\sim2.5$	$>2.5\sim4$	
≤10	1.0	1.2	1.5	2	
$>10\sim20$	1.2	1.6	2	2.5	
$>20\sim50$	2	2.5	2.5	4	
$>50\sim100$	3	3.8	3.8	6	
$>100\sim150$	4	5	5	8	
$>150\sim200$	5	6.3	6.3	10	
$>200\sim250$	6	7.5	7.5	11	
>250	7	8.5	8.5	12	

3）简单形状旋转体拉深零件毛坯尺寸的确定

对于简单形状的旋转体拉深零件求其毛坯尺寸时，一般可将拉深零件分解为若干简单的几何体，如图4-14所示，分别求出它们的表面积后再相加（含切边余量在内）。由于旋转体拉深零件的毛坯为圆形，根据面积相等原则，可计算出拉深零件的毛坯直径。

圆筒直壁部分的表面积：

$$A_1 = \pi d(H-r)$$

圆角球台部分的表面积：

$$A_2 = \frac{\pi}{4}\left[2\pi r(d-2r)+8r^2\right]$$

底部表面积：

$$A_3 = \frac{\pi}{4}(d-2r)^2$$

首次拉伸模的
工作原理

工件的总面积：

$$\frac{\pi}{4}D^2 = A_1 + A_2 + A_3 = \sum A_i$$

式中　D——毛坯直径，mm，即

$$D = \sqrt{(d-2r)^2 + 4d(H-r) + 2\pi r(d-2r) + 8r^2}$$ （4-2）

$\sum A_i$——拉深零件各分解部分表面积的代数和，mm^2。

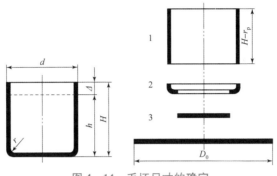

图 4-14　毛坯尺寸的确定

知识点四　拉深系数及其影响因素

1. 拉深系数及极限拉深系数

圆筒形件的拉深变形程度一般用拉深系数 m 表示。在确定拉深工序次数时，通常也是用拉深系数作为计算的依据。从广义上说，圆筒形件的拉深系数 m 是以每次拉深后圆筒形件的直径与拉深前的坯料（或半成品）直径之比表示，如图 4-15 所示。

拉深系数记次数的确定

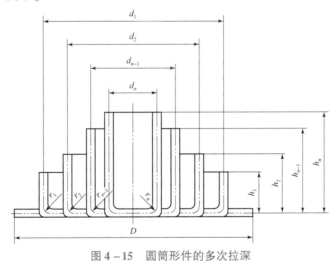

图 4-15　圆筒形件的多次拉深

第一次拉深系数：

$$m_1 = \frac{d_1}{D}$$ （4-3）

第二次拉深系数：

$$m_2 = \frac{d_2}{d_1}$$

$$\vdots$$

任务四　拉深件成形

093

第 n 次拉深系数：

$$m_n = \frac{d_n}{d_{n-1}} \tag{4-4}$$

总拉深系数 $m_{总}$ 表示从坯料直径 D 拉深至 d_n 的总变形程度，即

$$m_{总} = \frac{d_n}{D} = \frac{d_1}{D}\frac{d_2}{d_1}\frac{d_3}{d_2}\cdots\frac{d_{n-1}}{d_{n-2}}\frac{d_n}{d_{n-1}} = m_1 m_2 m_3 \cdots m_{n-1} m_n \tag{4-5}$$

拉深变形程度对凸缘区的径向拉应力和切向压应力以及筒壁传力区的拉应力影响极大，为了防止在拉深过程中产生起皱和拉裂的缺陷，就应减小拉深变形程度（即增大拉深系数），从而减小切向压应力和径向拉应力，以减小起皱和破裂的可能性。

为了保证拉深工艺的顺利进行，必须使拉深系数大于一定的数值，这个一定的数值即为在一定条件下的极限拉深系数，用符号"$[m]$"表示。小于这个数值，就会使拉深件起皱、拉裂或严重变薄而超差。另外，在多次拉深过程中，由于材料的加工硬化，使得变形抗力不断增大，所以以后各次极限拉深系数必须逐次递增，即 $[m_1] < [m_2] < [m_3] < \cdots < [m_n]$。

圆筒形件带压边圈的极限拉深系数见表 4-3。

表 4-3　圆筒形件带压边圈的极限拉深系数

各次拉深系数	毛坯相对厚度 $t/D \times 100$					
	2~1.5	1.5~1.0	1.0~0.6	0.6~0.3	0.3~0.15	0.15~0.08
m_1	0.48~0.50	0.50~0.53	0.53~0.55	0.55~0.58	0.58~0.60	0.60~0.63
m_2	0.73~0.75	0.75~0.76	0.76~0.78	0.78~0.79	0.79~0.80	0.80~0.82
m_3	0.76~0.78	0.78~0.79	0.79~0.80	0.80~0.81	0.81~0.82	0.82~0.84
m_4	0.78~0.80	0.80~0.81	0.81~0.82	0.82~0.8	0.83~0.85	0.85~0.86
m_5	0.80~0.82	0.82~0.84	0.84~0.85	0.85~0.86	0.86~0.87	0.87~0.88

注：1. 表中拉深系数适用于 08、10 和 15Mn 等普通的拉深碳钢及黄铜 H62。对于拉深性能较差的材料，如 20、25、Q215、Q235 硬铝等应比表中数值大（1.5~2.0）%；对塑性更好的，如 05、08、10 等深拉深钢及软铝应比表中数值小（1.5~2.0）%。

2. 表中数值适用于未经中间退火的拉深，若采用中间退火工序，则取值应较表中数值小 2%~3%。

3. 表中较小值适用于大的凹模圆角半径，$r_d = (8~15)t$；较大值适用于小的凹模圆角半径，$r_d = (4~8)t$

2. 影响极限拉深系数的因素

1）材料的组织与力学性能

一般来说，材料组织均匀、晶粒大小适当、屈强比 σ_s/σ_b 小、塑性好、板平面方向性系数 Δr 小、板厚方向系数 r 大、硬化指数 n 大的板料，变形抗力小，筒壁传力区不容易产生局部严重变薄和拉裂，因而拉深性能好，极限拉深系数较小。

2）板料的相对厚度 t/D

当板料的相对厚度大时，抗失稳能力较强，不易起皱，可以不采用压料或减少压料力，从而减少了摩擦损耗，有利于拉深，故极限拉深系数较小。

3）摩擦与润滑条件

凹模与压边圈的工作表面光滑、润滑条件较好，可以减小拉深系数。但为避免在拉深过程中凸模与板料或工序件之间产生相对滑移造成危险断面的过度变薄或拉裂，在不影响拉深件内表面质量和脱模的前提下，凸模工作表面可以比凹模粗糙一些，并避免涂润滑剂。

4）模具的几何参数

在模具几何参数中，影响极限拉深系数的主要是凸、凹模圆角半径及间隙。凸模圆角半径太小，板料绕凸模弯曲的拉应力增加，易造成局部变薄严重，降低危险断面的强度，因而会降低极限变形程度；凹模圆角半径太小，板料在拉深过程中通过凹模圆角半径时弯曲阻力增加，增加了筒壁传力区的拉应力，也会降低极限变形程度；凸、凹模间隙太小，板料会受到太大的挤压作用和摩擦阻力，增大了拉深力，使极限变形程度减小。

因此，为了减小极限拉深系数，凸、凹模圆角半径及间隙应适当取较大值。但是，凸、凹模圆角半径和间隙也不宜取得过大，过大的圆角半径会减小板料与凸模和凹模端面的接触面积及压边圈的压料面积，板料悬空面积增大，容易产生失稳起皱；过大的凸、凹模间隙会影响拉深件的精度，拉深件的锥度和回弹较大。

除此以外，影响极限拉深系数的因素还有拉深方法、拉深次数、拉深速度、拉深件形状等。由于影响因素很多，故在实际生产中，极限拉深系数的数值一般是在一定的拉深条件下用试验方法得出的，可查表确定。

需要指出的是，在实际生产中，并不是所有情况下都采用极限拉深系数，为了提高工艺稳定性和零件质量，必须采用稍大于极限值的拉深系数。

知识点五　圆筒形件的拉深次数与工序尺寸的计算

1. 无凸缘圆筒形件的拉深次数与工序尺寸的计算

1）拉深次数的确定

当拉深件的拉深系数 $m = d/D$ 大于第一次极限拉深系数 $[m_1]$，即 $m > [m_1]$ 时，则该拉深件只需一次拉深即可拉出，否则就要进行多次拉深。

需要多次拉深时，其拉深次数可按以下方法确定：

（1）推算法。

先根据 t/D 及是否压料等条件查表确定，并查出 $[m_1]$、$[m_2]$、$[m_3]$、…，然后从第一道工序开始依次计算出各次拉深工序件直径，即 $d_1 = [m_1]D$、$d_2 = [m_2]d_1$、…、$d_n = [m_n]d_{n-1}$，直到 $d_n \leq d$，即当计算所得直径 d_n 稍小于或等于拉深件所要求的直径 d 时，计算的次数即为拉深的次数。

（2）查表法。

圆筒形件的拉深次数还可从各种实用的表格中查取。

2）各次拉深工序尺寸的计算

当圆筒形件需多次拉深时，就必须计算各次拉深的工序件尺寸，以作为设计模具及选择压力机的依据。

（1）各次工序件的直径

当拉深次数确定之后，先从表中查出各次拉深的极限拉深系数，并加以调整后确定各次

拉深实际采用的拉深系数。调整的原则如下：

①保证 $m_1 m_2 \cdots m_n = d/D$；

②使 $m_1 \leqslant [m_1]$，$m_2 \leqslant [m_2]$，$\cdots$，$m_n \leqslant [m_n]$，且 $m_1 < m_2 < \cdots < m_n$。

然后根据调整后的各次拉深系数计算各次工序件直径：

$$d_1 = m_1 D \tag{4-6}$$

$$d_2 = m_2 d_1$$

$$\vdots$$

$$d_n = m_n d_{n-1} = d \tag{4-7}$$

（2）各次工序件的圆角半径。

工序件的圆角半径 r 等于相应拉深凸模的圆角半径 r_{T}，即 $r = r_{\mathrm{T}}$。但当料厚 $t \geqslant 1$ 时，应按中线尺寸计算，此时 $r = r_{\mathrm{T}} + t/2$。

（3）各次工序件的高度。

在各工序件的直径与圆角半径确定之后，可根据圆筒形件坯料尺寸计算公式推导出各次工序件高度的计算公式为

$$H_1 = 0.25\left(\frac{D^2}{d_1} - d_1\right) + 0.43\frac{r_1}{d_1}(d_1 + 0.32r_1) \tag{4-8}$$

$$H_2 = 0.25\left(\frac{D^2}{d_2} - d_2\right) + 0.43\frac{r_2}{d_2}(d_2 + 0.32r_2)$$

$$\vdots$$

$$H_n = 0.25\left(\frac{D^2}{d_n} - d_n\right) + 0.43\frac{r_n}{d_n}(d_n + 0.32r_n) \tag{4-9}$$

式中 H_1，H_2，$\cdots$，H_n——各次工序件的高度；

     d_1，d_2，$\cdots$，d_n——各次工序件的直径；

     r_1，r_2，$\cdots$，r_n——各次工序件的底部圆角半径；

     D——坯料直径。

2. 带凸缘圆筒形件的拉深方法

图 4-16 所示为带凸缘圆筒形件及其坯料。通常，当 $d_t/d = 1.1 \sim 1.4$ 时，称为窄凸缘圆筒形件；当 $d_t/d > 1.4$ 时，称为宽凸缘圆筒形件。

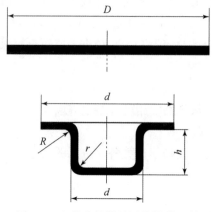

图 4-16   带凸缘圆筒形件及其坯料

带凸缘圆筒形件的拉深看上去很简单，好像是拉深无凸缘圆筒形件的中间状态，但当其各部分尺寸关系不同时，拉深中要解决的问题是不同的，拉深方法也不相同。当拉深件凸缘为非圆形时，在拉深过程中仍需拉出圆形的凸缘，最后再用切边或其他冲压加工方法完成工件所需的形状。

1）窄凸缘圆筒形件的拉深

窄凸缘圆筒形件是凸缘宽度很小的拉深件，这类零件需多次拉深时，由于凸缘很窄，故可先按无凸缘圆筒形件进行拉深，再在最后一次工序用整形的方法压成所要求的窄凸缘形状。为了使凸缘容易成形，在拉深的最后两道工序可采用锥形凹模和锥形压边圈进行拉深，留出锥形凸缘，这样整形时可减小凸缘区切向的拉深变形，对防止外缘开裂有利。例如图 4 – 17 所示的窄凸缘圆筒形件，共需三次拉深成形，第一次拉成无凸缘圆筒形工序件，然后在后两次拉深时留出锥形凸缘，最后整形达到要求。

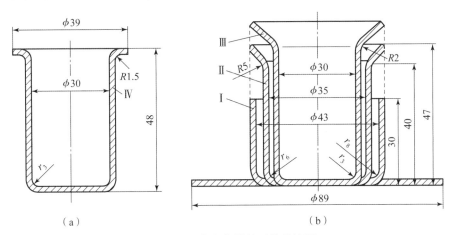

图 4 – 17　窄凸缘圆筒形件的拉深

（a）窄凸缘拉深件；（b）窄凸缘拉深件拉深过程
Ⅰ—第一次拉深；Ⅱ—第二次拉深；Ⅲ—第三次拉深；Ⅳ—成品

2）宽凸缘圆筒形件的拉深

宽凸缘圆筒形件需多次拉深时，拉深的原则是：第一次拉深就必须使凸缘尺寸等于拉深件的凸缘尺寸（加切边余量），以后各次拉深时凸缘尺寸保持不变，仅仅依靠圆筒形部分的材料转移来达到拉深件尺寸的目的。因为在以后的拉深工序中，即使凸缘部分产生很小的变形，也会使筒壁传力区产生很大的拉应力，从而使底部危险断面拉裂。

在生产实际中，宽凸缘圆筒形件需多次拉深时的拉深方法有以下两种法（见图 4 – 18）：

（1）通过多次拉深，逐渐缩小筒形部分直径和增加其高度，如图 4 – 18（a）所示。这种拉深方法就是直接采用圆筒形件的多次拉深方法，通过各次拉深逐次缩小直径，增加高度，各次拉深的凸缘圆角半径和底部圆角半径不变或逐次减小。用这种方法拉成的零件表面质量不高，其直壁和凸缘上保留着圆角弯曲和局部变薄的痕迹，需要在最后增加整形工序，适用于材料较薄、高度大于直径的中小型带凸缘圆筒形件。

（2）采用高度不变法，如图 4 – 18（b）所示。首次拉深尽可能取较大的凸缘圆角半径和底部圆角半径，高度基本拉到零件要求的尺寸，以后各次拉深时仅减小圆角半径和圆筒形部分直径，而高度基本不变。这种方法由于拉深过程中变形区材料所受到的折弯较轻，所以拉成的零

件表面较光滑，没有折痕。但它只适用于坯料相对厚度较大、采用大圆角过渡不易起皱的情况。

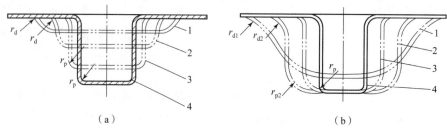

（a）　　　　　　　　　　　　　　　　（b）

图 4 – 18　宽凸缘圆筒形件的拉深方法

1，2，3，4—拉深次序

知识点六　拉深件工艺性分析

拉深成形的
工艺分析

拉深零件的结构工艺性是指拉深零件采用拉深成形工艺的难易程度。良好的工艺性是指坯料消耗少、工序数目少，模具结构简单、加工容易，产品质量稳定、废品少，操作简单方便等。在设计拉深零件时，应根据材料拉深时的变形特点和规律，提出满足工艺性的要求。

1. 对拉深材料的要求

拉深件的材料应具有良好的塑性、低的屈强比、大的板厚方向性系数和小的板平面方向性。

2. 对拉深零件形状和尺寸的要求

（1）拉深件高度尽可能小，以便能通过 1~2 次拉深工序成形。圆筒形零件一次拉深可达到的高度见表 4 – 4。对于盒形件，当其壁部转角半径 $r = (0.05 \sim 0.20)B$ 时，一次拉深高度 $h \leqslant (0.3 \sim 0.8)B$。

表 4 – 4　常见材料一次拉深的极限高度

材料名称	铝	硬铝	黄铜	软钢
相对拉深高度 h/d	0.73 ~ 0.75	0.60 ~ 0.65	0.75 ~ 0.80	0.68 ~ 0.72

（2）拉深件的形状应尽可能简单、对称，以保证变形均匀。对于半敞开式的非对称拉深件（见图 4 – 19），可采用成双拉深后再剖切成两件。

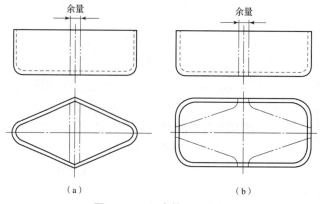

余量　　　　　　　　　　　　　　　余量

（a）　　　　　　　　　　　　　　　（b）

图 4 – 19　组合拉深后剖切

（3）有凸缘的拉深件，最好满足 $d_{凸} \geq d + 12t$，而且外轮廓与直壁断面最好形状相似，否则拉深困难、切边余量大。在凸缘面上有下凹的拉深件（见图 4 - 20），如下凹的轴线与拉深方向一致，则可以拉出；若下凹的轴线与拉深方向垂直，则只能在最后校正时压出。

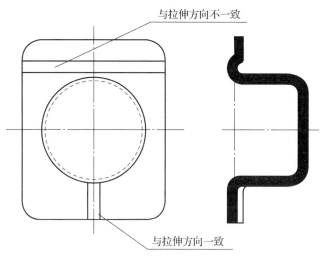

图 4 - 20   凸缘面上有下凹的拉深件

（4）为了使拉深顺利进行，凸缘圆角半径 $r_d \geq 2t$。对于 $r_d < 0.5$ mm 时，应增加整形工序；底部圆角半径 $r_p \geq t$，不满足时应增加整形工序，每整形一次，r_p 可减小 1/2；盒形拉深零件壁间圆角半径 $r \geq 3t$，应尽可能使 $r \geq h/5$。

3. 对拉深零件精度的要求

（1）由于拉深件各部位的料厚有较大变化，所以对零件图上的尺寸应明确标注是外壁尺寸还是内壁尺寸，不能同时标注内、外尺寸。

（2）由于拉深件有回弹，所以零件横截面的尺寸公差一般都在 IT12 级以下。如果零件公差要求高于 IT12 级，则应增加整形工序来提高尺寸精度。

（3）多次拉深的零件对外表面或凸缘的表面，允许在拉深过程中产生印痕和口部的回弹变形，但必须保证精度在公差之内。

知识点七   其他形状零件的拉深

1. 锥形零件的拉深方法

锥形件的拉深成形主要存在两方面的困难：其一，凸模和凹模之间的毛料悬空部分太多，容易产生内皱；其二，凸模顶端与板料的接触面积较小，凸模圆角半径也较小，容易使材料变薄、拉裂。除此之外，由于锥形件口部和底部半径差别大，故回弹比较严重。

锥形件的拉深次数及拉深方法取决于锥形件的几何参数，即相对高度 h/d、锥角和相对料厚 t/D，如图 4 - 21 所示。一般当相对高度较大、锥角较大，而相对料厚较小时，变形困难，需进行多次拉深。

任务四 拉深件成形

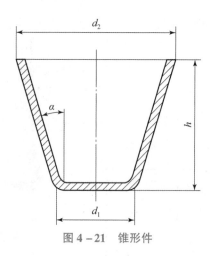

图 4 - 21　锥形件

　　根据上述参数值的不同，拉深锥形件的方法有以下几种。

　　1）浅锥形件（$h/d_2 < 0.25 \sim 0.30$，$\alpha = 50° \sim 80°$）

　　该类零件可一次拉成，但精度不高，其回弹较严重，可采用带拉深筋的凹模或压边圈，或采用软模进行拉深。

　　2）中等高度锥形件（$h/d_2 < 0.30 \sim 0.70$，$\alpha = 15° \sim 45°$）

　　这类零件的拉深方法取决于相对料厚：当 $t/D > 0.025$ 时，可不采用压边圈一次拉成，为保证工件的精度，最好在拉深终了时增加一道整形工序；当 $t/D = 0.015 \sim 0.20$ 时，也可一次拉成，但需采用压边圈、拉深筋及增加工艺凸缘等措施提高径向拉应力，防止起皱；当 $t/D < 0.015$ 时，因料较薄而容易起皱，故需采用有压边圈模具，并经两次拉深成形，第一次拉深成较大圆角半径或接近球面形状零件，第二次用带有胀形性质的整形工艺压成所需形状，如图 4 - 22 所示。

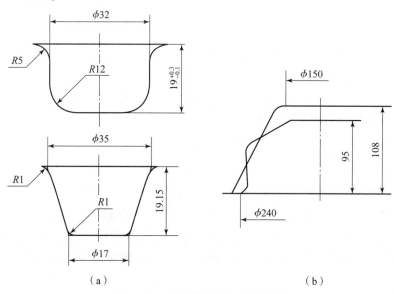

| （a） | （b） |

图 4 - 22　阶梯拉深两次成形法图

　　3）高锥形件（$h/d_2 > 0.70 \sim 0.80$，$\alpha \leqslant 10° \sim 30°$）

　　该类零件因大小直径相差很小，变形程度更大，很容易产生变薄严重而拉裂和起皱。此时常需采用特殊的拉深工艺，经过多次拉深成形，最后再校形才能制成。通常有下列方法：

（1）阶梯过渡拉深成形法［见图4-23（a）］：这种方法是将毛坯分数道工序逐步拉成阶梯形，阶梯与成品内形相切，最后在成形模内整形成锥形件。

（2）锥面逐步成形法［见图4-23（b）］：这种方法先将毛坯拉成圆筒形，使其表面积等于或大于成品圆锥表面积，而直径等于圆锥大端直径，以后各道工序逐步拉出圆锥面，使其高度逐渐增加，最后形成所需的圆锥形。若先拉成圆弧曲面形，然后再过渡到锥形将更好些。

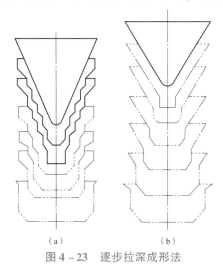

（a）　　　　　　　（b）

图4-23　逐步拉深成形法

2. 半球形零件的拉深成形

半球形零件拉深成形过程时，只有凸模圆顶与毛料接触，毛料在凸模和凹模之间的悬空部分很多，与锥形件拉深相比较，更容易起内皱，同时在凸模圆顶附近形成一个变薄严重的环形带，因此也容易拉裂。

半球形件的拉深系数 $m = d/D = 0.707$，因此，拉深成形的关键是毛坯料的相对厚度 t/D。

当 $t/D > 3\%$ 时，采用不带压边圈的有底凹模一次拉成；当 $t/D = 0.5\% \sim 3\%$ 时，采用带压边圈的拉深模拉深；当 $t/D < 0.5\%$ 时，采用带有拉深筋的凹模或反拉深模具。如图4-24所示。

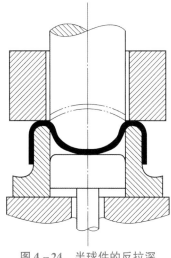

图4-24　半球件的反拉深

知识点八　拉深模具结构分析

拉深模的结构类型较多，但由于拉深工作情况和使用的设备不同，模具结构亦不同。按完成工序的顺序可分为首次拉深模和后续各工序拉深模。

1. 无压边装置的首次拉深模（见图 4-25）

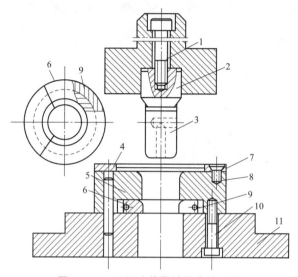

图 4-25　无压边装置的首次拉深模

1，8，10—螺钉；2—模柄；3—凸模；4—销钉；5—凹模；6—刮料环；
7—定位板；9—拉簧；11—下模座

2. 有压边装置的首次拉深模（见图 4-26 和图 4-27）

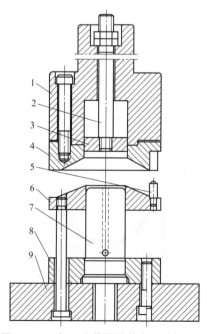

图 4-26　有压边装置的首次倒装拉深模

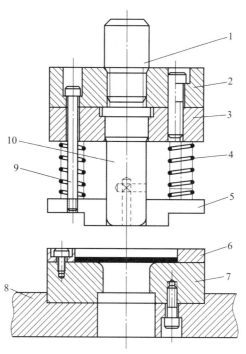

图 4 – 27 有压边装置的首次正装拉深模

3. 无压边装置的后续工序拉深模（图 4 – 28）

本模具采用锥形模口的凹模结构，件 6 的锥面角度一般为 30°~45°，起到拉深时增强变形区稳定性的作用。拉深毛坯用定位板 5 的内孔定位（定位板的孔与坯件有 0.1 mm 左右的间隙），拉深零件从下模板和压力机台面的孔漏下。该模具用于直径缩小较少的拉深或整形等。

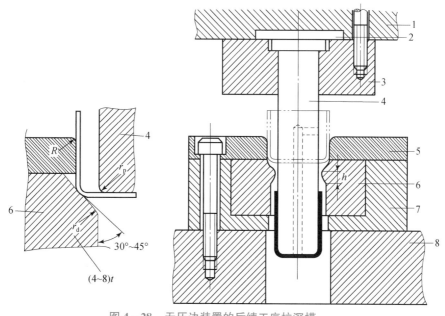

图 4 – 28　无压边装置的后续工序拉深模

1—上模座；2—垫板；3—凸模固定板；4—凸模；5—定位板；6—凹模；
7—凹模固定板；8—下模座

4. 有压边装置的后续工序拉深模

带压料装置的后续各工序拉深模，图 4–29 所示结构是其广泛采用的形式。压边圈兼作毛坯的定位圈。由于再次拉深工件一般较深，为了防止弹性压边力随行程的增加而不断增加，可以在压边圈上安装限位销来控制压边力的增长。

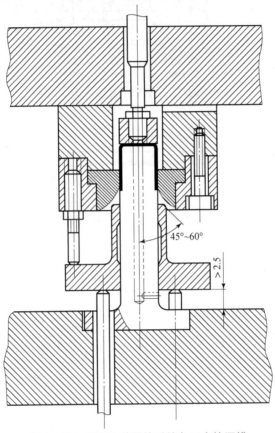

图 4–29　有压边装置的后续各工序拉深模

【任务实施】

筒形拉深件成形任务实施过程见表 4–5。

表 4–5　筒形拉深件成形任务实施过程

序号	实施项目	操作步骤	实施要点	备注
1		毛料准备：08 钢板		
2	准备工作	工艺装备： （1）划线平板； （2）划规； （3）钢板尺； （4）钳工台案； （5）锉刀；		

序号	实施项目	操作步骤	实施要点	备注
2	准备工作	(6) 手动剪； (7) 剪板机； (8) 拉深模具		
3		读懂零件图样，明确工作任务，领取符合材料牌号、规格的板料		
4		毛坯料的尺寸计算		
5		根据图样计算毛料尺寸，划线，用剪板机下料，手动剪修形		
6		去除毛刺，修光毛料边缘		
7	任务实施	确定拉深过程中的拉深系数及拉深次数		
8		选取合适的拉深模具并检查模具的工作状态		
9		按图纸尺寸进行试加工，直至零件合格		
10		按图样要求全面检查工件形状、尺寸，进行校验和修正，直至符合质量要求		
11		在工件表面指定位置做好班级、学号、姓名标记，上交工件		
12		清理保养设备，清扫工作场地		
13	任务结束	清点工具和量具，并摆放整齐		
14		保持工作场地整洁、卫生，做到安全文明生产		

【任务评价】

根据表 4 - 6 评价标准，对任务完成情况进行评价和总结。

表 4 - 6　筒形件拉深成形任务评价标准

序号	评价项目	评价内容	配分	评分标准		学员互评 （40%）	教师评价 （60%）	备注
				合格	超差			
1	专业能力	筒形件的外形尺寸符合图纸要求，公差等级 IT13 级	15	15	10			
2		毛坯料尺寸的计算	15	15	10			
3		拉深系数及拉深次数的确定	10	10	6			

续表

序号	评价项目	评价内容	配分	评分标准 合格	超差	学员互评（40%）	教师评价（60%）	备注
4	专业能力	正确查询和使用参考资料	10	视使用规范性附分，优秀者可增值附分				
5		剪板机及手动剪的使用	10	视操作规范性附分，优秀者可增值附分				
6		拉深模具的使用	10	视操作规范性附分，优秀者可增值附分				
7	职业素养	严格遵守操作规程，严禁违规作业	10	视违反规定严重性扣除分值				
8		团队合作意识，互相协作良好	10	视情况附分，优秀者可增值附分				
9		态度端正严谨，绿色环保，不造成材料浪费	10	视情况附分，优秀者可增值附分				

【思考与练习】

（1）简述拉深成形的原理，并说明拉深成形可以成形哪些零件。

（2）拉深工艺中会出现哪些失效形式？说明产生的原因和预防措施。

（3）影响极限拉深系数的因素有哪些？拉深系数对拉深工艺有何意义？

（4）圆筒形件拉深次数的含义是什么？有何意义？

（5）有凸缘筒形零件和无凸缘筒形零件拉深比较，有哪些特点？

（6）常见的拉深模具的种类有哪些？

拓展阅读

"战机打磨师"方文墨：用精度打磨青春的高度

方文墨，男，汉族，1984年9月生，2003年参加工作，中共党员，沈阳航空航天大学机械设计制造及其自动化专业毕业，高级技师。现任中航工业沈阳飞机工业（集团）有限公司 14 厂钳工，中航工业首席技能专家，他创造的"0.003 毫米加工公差"被称为"文墨精度"，相当于头发丝直径的二十五分之一。

方文墨曾获全国"五一劳动奖章"、中国青年"五四"奖章、全国技术能手、辽宁省和沈阳市特等劳动模范等 20 多项殊荣。2019 年荣获"最美职工"称号。中国共产主义青年团第十七次全国代表大会代表、中央委员会候补委员，中华全国青年联合会第十三届委员会副主席，十二届辽宁青联副主席。

与梦想擦肩而过后苦练本领

方文墨回忆说："那时候十八九岁，我每天晚上都工作到 12 点多，骑自行车回家，第二天一早 7 点半继续上班，一心练技术，干劲儿十足。"中航工业沈阳飞机工业（集团）有限公司每年都会举行技能大赛，师傅和父母都鼓励方文墨报名参赛，他自己却不敢，"要跟沈飞公司所有的老师傅比技能呀！"但他的成绩让所有人惊讶了，那一年，他夺得了第一名。

"我的信心爆棚了，19 岁天不怕地不怕，接下来还要代表公司参加沈阳市的技能大赛。"方文墨说，参加完沈阳市的比赛后，才知道什么叫天外有天、人外有人，"那时以为做得最精细的活应该是机器做的，但我从头到尾看着这位师傅手工加工，真的太精细、完美了"。

高技能的接力棒正在从 80 后向 90 后、00 后传递

"我就是一颗被钉在了航母舰载机上的不锈钢的大号螺丝钉。"方文墨说，钳工是机械领域加工中唯一还用手工加工的工种，锉、钻、锯、錾、钣、铆、钳、修、研、配，靠的都是手艺。

方文墨说，对零部件的加工流程，通常都是首先进行数控加工，钳工再研究琢磨怎么继续打磨，"这样的处理速度太慢了，我自己独创了'文墨精度'，先用锉刀进行反复修正，再去加工零部件"。这一练，就是 10 年。"精密加工过程，是靠着平时的勤学苦练，掌握一

定的肌肉记忆后才能完成，我们把这项技能叫作'人刀合一'。"方文墨创造出的"文墨精度"成为当时我国国产航空器零部件加工的极限精度。

2013 年，29 岁的方文墨成为航空工业最年轻的首席技能专家，还被正式调入军品公司。公司以他的名字命名成立了"方文墨班"，这让方文墨感到身上的担子更重了。

他要求徒弟们把每一个工件的打磨都按照考试去做，一有时间，他还会在下班后和周末陪着大家一起练。让方文墨骄傲的是，自己练出"文墨精度"用了 10 年，徒弟们在他的指导下两三年就练出来了。如今，"方文墨班"的 16 人中，已经有了 3 名全国技能冠军，21 人次获得省市冠军，高技能的接力棒正在从 80 后向 90 后、00 后传递。

劳模进北航　从"文墨精度"到"大国工匠"

党的十八大以来的实践充分证明，在当代中国，工人阶级和广大劳动群众始终是推动我国经济社会发展、维护社会安定团结的根本力量，劳动模范是民族的精英、人民的楷模，是中华人民共和国的功臣！

方文墨平时经常加工的零件平面一般是火柴盒大小，每个表面起码得锉修 30 下才能达到尺寸精度要求，每天要完成往复单一甚至枯燥的锉修动作 8 000 多次。为了全面掌握专业技术知识，方文墨不仅白天在厂里勤学苦练，晚上回到家后还系统地学习理论力学、结构力学、钳工工艺学等专业理论和工艺方法。一有空，他就去书店购买专业书籍，有时手头不太宽裕，就抄录书中的精华。为了比别人多学一点、学精一点，他的业余时间被安排得满满的：除了去书店，方文墨利用业余时间攻读了成人高考，拿下了机械电子工程专业的专科和本科文凭。造就出知识型、技能型、实践型、创新型的"金牌蓝领"，实现了"技术等级的三级跳"。

任务五

蒙皮类零件成形

【任务导言】

蒙皮指构成飞机气动外形的薄板件和内部结构框架的包覆件，可承受和传递载荷。蒙皮类零件外形复杂，表面光滑流畅，结构尺寸大，相对厚度小，刚性差，协调准确度要求高。蒙皮成形需要大型专用设备。

【任务内容】

任务 5.1 蒙皮滚弯成形　分析滚弯成形原理、滚弯成形设备和简单零件滚弯的工艺方法。

任务 5.2 蒙皮拉形　分析拉形成形原理和工艺参数确定，以及拉形设备和横向拉形与纵向拉形的工艺方法。

【学习目标】

（1）熟悉蒙皮滚弯成形原理和设备；

（2）掌握蒙皮滚弯工艺操作方法；

（3）熟悉蒙皮拉形成形原理和设备；

（4）学会蒙皮拉形成形工艺参数选择；

（5）掌握蒙皮拉形工艺操作方法；

（6）提高学生认识、分析和解决问题的能力；

（7）培养学生工作中的创新意识、质量意识、团队合作精神和工匠精神。

子任务 5.1　蒙皮滚弯成形

【任务描述】

图 5-1 所示为滚弯蒙皮零件，按图样形状和尺寸，用滚弯成形方法制作合格零件。

图 5 - 1　滚弯蒙皮零件

【任务引导】

引导问题 1：什么是滚弯成形？常见的滚弯零件有哪些？

引导问题 2：板材滚弯和型材滚弯有什么区别？

【知识学习】

滚弯成形是通过旋转的滚轴，使毛料弯曲的工艺方法。滚弯的实质就是连续不断地弯曲的过程。滚弯成形工艺包括板材滚弯成形、型材滚弯成形和管材滚弯成形。板材滚弯工艺常用于飞机机身蒙皮、机翼蒙皮及副油箱外蒙皮等单曲度零件。

知识点一　板材滚弯原理

板料滚弯时，毛料在滚轴作用力和摩擦力的连续加载下，通过滚轴，产生塑性弯曲变形，如图 5 - 2 所示。毛料经滚弯后所要求得到的曲率半径 R 是由滚弯时的曲率半径 R_0 经过卸载回弹后而获得的。因 R_0 与三滚轴的相对位置有关，因此 R 就决定于三个滚轴的相对位置和毛料的力学性能及板料厚度。滚弯时曲率半径 R_0 与滚轴之间的关系可用下式表示：

蒙皮滚弯成形

板材滚弯

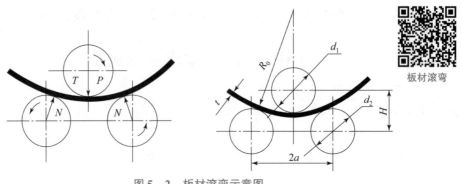

图 5 - 2　板材滚弯示意图

$$\left(\frac{d_2}{2} + t + R_0\right)^2 = a^2 + \left(H + R_0 - \frac{d_1}{2}\right)^2 \qquad (5-1)$$

式中　t——材料厚度；

　　　R_0——滚弯时零件的曲率半径；

　　　d_1，d_2——上、下滚轴的直径；

　　　a——两下滚轴之间的半间距；

　　　H——上、下滚轴之间的相对距离。

两个滚轴之间的半间距 a 和上、下滚轴之间的相对距离 H 均为可调变量。为了滚弯后获得要求的曲率半径 R，需要调整间距 a 或高度 H。但调节 H 要比改变 a 值更为方便。H 值可按下式求得：

$$H = \frac{d_1}{2} - R_0 + \left[\left(R_0 + \frac{d_2}{2} + t\right)^2 - a^2\right]^{\frac{1}{2}} \qquad (5-2)$$

由于影响板料回弹的因素很多，回弹量事先难以计算确定。因此，上述关系式不能准确地计算出所需的 H 值来，仅供初弯时参考。实际生产中，大多采取试测的方法，即凭经验大体调整好上滚轴的位置后，逐渐试弯直到合乎要求的曲度为止。

知识点二　板材滚弯工艺

1. 等曲率圆筒形零件滚弯

在滚弯过程中，需将滚弯机的三根滚轴调成相互平行，保持上滚轴上下不动，即可实现。当然，曲度需要经过几次由小到大地试弯，才能最后达到要求。操作时，毛料一定要放正，否则滚出的零件是扭曲的，如图 5-3 所示。

图 5-3　滚弯圆筒形零件示意图

在对称三轴滚弯机上成形时，板料两端各有一未经弯曲的直线段（见图 5-4），直线段的长度与两个滚轴的间距 $2a$ 值有关。为了减小直线段，调整机床时，$2a$ 值取最小值，但成形力增大。对于零件前后两端的直线段，可采用垫板使其弯曲成形，可将垫板放在板料下面，与板料一起由滚轴滚弯，如图 5-5 所示；也可采用板料两端留工艺余量，成形后切断消除直线段。

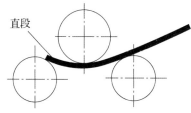

图 5-4　零件滚弯时端部出现直线段

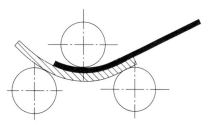

图 5-5　采用垫板排除直线段

2. 锥形零件滚弯

飞机上锥形蒙皮应用广泛，它的两端剖面形状是两条不同的曲线。在三轴滚弯机上制造等曲率锥形零件时，需将滚弯机的上滚轴调整成倾斜角（或上滚轴水平，两个下滚轴成一定角度）。当上滚轴按要求调整好斜度后，滚弯过程不需要再改变位置，即可制成等曲率锥形蒙皮。若上滚轴在滚弯过程中做连续上、下移动，则可制成变曲率的锥形蒙皮，如图5-6所示。

图5-6　典型锥形零件示意图

滚弯锥形蒙皮时，如果上滚轴的倾斜角不合适，同时又采用连续滚弯成形，则滚成的蒙皮会由于弯曲线与蒙皮等百分线不重合而产生扭曲变形。防止产生扭曲变形的措施是把滚轴倾斜成适宜的角度，同时采用分段滚弯的方法制造蒙皮零件。

采用分段滚弯（即将毛料分段送进机床），具体操作方法是：先按样板在毛料的内表面的两边划出百分比线（见图5-7），然后将上滚轴对正百分比线，如图5-7中 $a-a'$ 所示，使滚轴在等百分比线的前后两个区间内滚动；再由手工调整毛料，使上滚轴对正 $b-b'$。重复上述操作，逐段滚弯，直至最后获得所需零件。

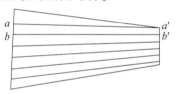

图5-7　蒙皮毛料等百分比线

知识点三　滚弯成型设备

滚弯机类型有三轴滚弯机、四轴滚弯机和多轴滚弯机。三轴滚弯机可分为对称式和不对称式两类。对称式滚弯机的特点是中间的上滚轴位于两个下滚轴的中心线上（如图5-8所示），结构简单，应用广泛。其主要缺点是弯曲件两端滚弯后存在直边。

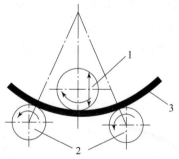

图5-8　对称式三轴滚弯机
1—上滚轴；2—下滚轴；3—板料

不对称式三轴滚弯机，其滚轴布置是不对称的，上滚轴位于两下滚轴之间面向一侧偏移，如图5-9所示。在滚弯过程中，板料的端部边缘也能得到弯曲，直边长度较短，如采用反复掉头弯曲的方法，可使板料全部得到弯曲。其主要缺点是滚轴受力大，易产生弯曲，影响弯曲精度。

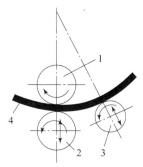

图 5 - 9　不对称式三轴滚弯机

1—上滚轴；2，3—下滚轴；4—板料

四轴滚弯机相当于在对称式三轴滚弯机上增加一个中间下滚轴（见图 5 - 10），这样既能使板料全部弯曲，又能避免在不对称三轴滚弯机上需掉头滚弯的麻烦。其主要缺点是结构复杂，价格高，应用受限。

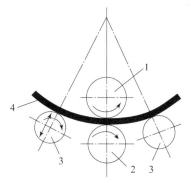

图 5 - 10　四轴滚弯机

1—上滚轴；2—中间下滚轴；3—侧滚轴；4—板料

用于制造变曲率大型飞机蒙皮的滚弯机，其三滚轴为对称布置，如图 5 - 11 所示。上滚轴固定在大刚度的横梁上，由两端的液压缸控制升降，使上滚轴能够在垂直平面内做平行于两个下滚轴或与它们成一定角度的上下运动。两个下滚轴则固定在台面上，且两者之间的相对位置可以沿台面用螺钉调整，既可以平行放置，也可以形成一定角度，使上下滚轴的位置获得相互平行或不平行的组合形式。

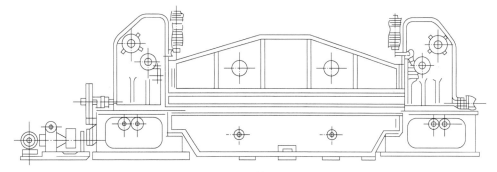

图 5 - 11　大型三轴滚弯机外形图

【任务实施】

蒙皮滚弯任务实施过程见表 5-1。

表 5-1　蒙皮滚弯任务实施过程

序号	实施项目	操作步骤	实施要点	备注
1		毛料准备： （1）材料牌号 2A12（LY12）； （2）板坯规格 $\delta = 1.2$ mm； （3）数量：1 件		
2	准备工作	工艺装备： （1）划线平板； （2）划规； （3）钢板尺； （4）样板； （5）钳工台案； （6）锉刀； （7）手动剪； （8）剪板机； （9）橡皮榔头； （10）胎模； （11）滚弯机； （12）细纱布		
3		读懂零件图样，明确工作任务，领取符合材料牌号、规格的板料		
4		根据图样计算展开毛料尺寸，划线，用剪板机下料，手动剪修形		
5		去除毛刺，修光毛料边缘		
6	任务实施	检查滚弯机处于完好状态，调整上、下滚轴处于工作状态		
7		手工预成形毛料两端部位，检查形状尺寸，符合要求		
8		将预成形毛料放入滚弯机，找正并定位。滚弯过程中，为了减小回弹，初调上滚轴压下量，滚弯后用样板测量。根据测量结果，再调整、测量，达到要求为止		
9		按图样要求全面检查工件形状、尺寸，符合质量要求		
10		在工件表面指定位置做好班级、学号、姓名标记，上交工件		

序号	实施项目	操作步骤	实施要点	备注
11	任务结束	清理、保养设备，清扫工作场地		
12		清点工具和量具，并摆放整齐		
13		保持工作场地整洁、卫生，做到安全文明生产		

【任务评价】

根据表 5 - 2 所示评价标准，对任务完成情况进行评价和总结。

表 5 - 2 蒙皮滚弯任务评价标准

序号	评价项目	评价内容	配分	评分标准		学生互评（40%）	教师评价（60%）	备注
				合格	超差			
1	专业能力	1 000 mm ± 3 mm	20	20	15			
2		720 mm ± 3 mm	20	20	15			
3		$R600$ mm	20	20	15			
4		表面光滑，无裂纹、划伤、夹痕	20	发现一处缺陷扣除 2 分				
5	职业素养	解决问题的能力	10	酌情得分				
6		团队合作精神、安全文明生产、质量意识	10	违反规定酌情扣除 2~3 分				

【思考与练习】

（1）什么是滚弯成形？主要设备有哪些？
（2）滚弯成形方法适合哪类零件？
（3）简述板材滚弯成形原理。

子任务 5.2 蒙皮拉形成形

【任务描述】

图 5 - 12 所示为拉形蒙皮零件，按图样形状和尺寸，用拉形方法制作合格零件。

任务五

蒙皮类零件成形

115

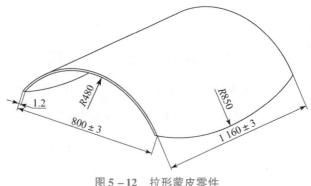

图 5-12　拉形蒙皮零件

【任务引导】

引导问题 1：什么是蒙皮拉形？常见的蒙皮零件有哪些可采用拉形方法生产？

引导问题 2：蒙皮滚弯和拉形有什么区别？

引导问题 3：横向拉形和纵向拉形方法如何选择？

【知识学习】

知识点一　拉形成形原理

所谓拉形成形，就是毛料按拉形模在拉伸机上拉伸成形。拉形成形的基本原理是利用弯曲和拉伸的作用，使板料与模胎的型面全部贴合而成为双曲度零件的成形过程。以横向拉形为例分析如下，如图 5-13 所示。

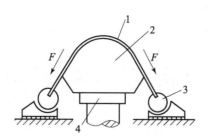

图 5-13　拉形成形原理

1—毛料；2—拉形模；3—钳口；4—升降工作台

拉形

先将毛料 1 按拉形模 2 弯曲，两侧用拉形机的钳口 3 夹紧，然后由升降工作台 4 带动拉形模 2 向上顶，毛料 1 被拉紧，这样一直拉到贴模为止。

拉形成形过程可分为三个阶段，即开始阶段、中间阶段和终了阶段，如图 5 - 14 所示。

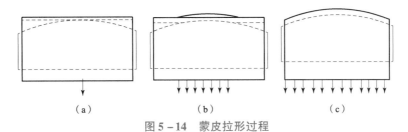

图 5 - 14　蒙皮拉形过程

（a）开始阶段（弯曲）；（b）中间阶段（拉形）；（c）终了阶段（补拉）

在拉形成形过程中，板料的变形为弯曲、拉伸两种形式。在开始阶段，钳口夹紧毛料，拉形模上升与毛料接触，材料开始弯曲变形；在中间阶段，拉形模继续上升，毛料从接触点开始产生不均匀拉伸变形，直至和模胎贴合；在终了阶段，毛料和模胎完全贴合后，工作台继续上升，使毛料曲面上各点产生少量均匀变形（约 0.5%），以减少回弹，提高精度。

知识点二　拉形成形特点和应用

拉形成形的特点：

（1）零件表面质量好，外形准确度高。

（2）模具结构简单，生产准备周期短。

（3）材料利用率低，要求操作者具有较高的熟练程度。对于形状复杂的蒙皮，在拉形过程中要穿插手工修整工作。

拉形成形适合成形外形尺寸大、厚度小、表面质量要求高的双曲度零件。在飞机制造中，它主要用于成形曲率变化较平缓的大型钣金件，特别是用于一般工艺方法难以加工的蒙皮件的成形，如机身、起落架舱、整流蒙皮、前缘蒙皮等。

拉形成形的方式有纵向拉形（纵拉）和横向拉形（横拉）两种，如图 5 - 15 所示。

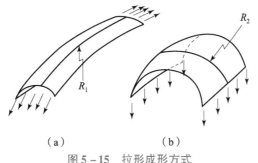

图 5 - 15　拉形成形方式

（a）纵向拉形；（b）横向拉形

对于长而纵向曲率大的双曲度蒙皮，采用纵拉方法；对于横向曲率大的双曲度蒙皮（如马鞍形蒙皮），采用横拉方法。对于带有凸或凹鼓包的蒙皮零件，还需要在蒙皮拉伸机上装有加压装置和模具，边拉伸边对凸或凹鼓包加压。

知识点三　拉形工艺参数

1. 拉形系数

拉形系数是指材料拉形后，变形最大的剖面处长度 $L_{\max}$ 与其原长度 L_0 之比，即

$$K_{\mathrm{L}} = \frac{L_{\max}}{L_0} = \frac{L_0 + \Delta L}{L_0} = 1 + A \tag{5-3}$$

式中　K_{L}——拉形系数；

$L_{\max}$——拉形后零件延伸最大处截面的长度，mm；

L_0——拉形前材料在该截面的原始长度，mm；

ΔL——拉形后材料在该截面的绝对伸长量（$\Delta L = L_{\max} - L_0$），mm；

A——该截面长度上的平均伸长率，%。

K_{L} 的数值越大，拉形的变形程度越大。为计算方便，拉形系数 K_{L} 可近似表示为零件变形部位的最大长度 $L_{\max}$ 与最小长度 $L_{\min}$ 的比值，即

$$K_{\mathrm{L}} = \frac{L_{\max}}{L_0} \approx \frac{L_{\max}}{L_{\min}} \tag{5-4}$$

$L_{\max}$ 与 $L_{\min}$ 决定于零件的形状特点，其数值可以方便地从拉形模或表面标准样件上直接量取，如图 5-16 所示。

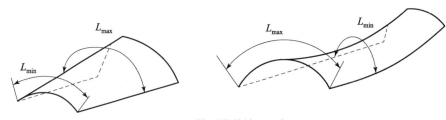

图 5-16　拉形零件的 $L_{\max}$ 与 $L_{\min}$

2. 拉形次数与拉形程度

拉形次数是指拉制某一零件需要拉形几次才能完成并符合要求。在生产中，希望拉形次数越少越好，最好一次拉成。通过计算，求出零件的拉形系数，再与极限拉形系数 $K_{\max}$ 相对照，决定该零件的拉形次数。如果计算的 $K_{\mathrm{L}} \leqslant K_{\max}$，则可以一次拉形，否则须进行两次或两次以上的拉形。

对于某种材料的极限拉形系数，可以通过试验预先获得。铝合金 2A12（LY12）与 7A04（LC4）在退火和新淬火状态下的极限拉形系数如表 5-3 所示。

表 5-3　2A12（LY12）与 7A04（LC4）极限拉形系数

材料厚度/mm	1	2	3	4
$K_{\max}$	1.04~1.05	1.045~1.06	1.05~1.07	1.06~1.08

在实际生产中，一般按零件的具体情况及拉形模凭经验确定。通过试验，最后确定拉形次数。对于凸峰形零件，纵向曲度较小的可一次拉形，曲度较大的须两次拉形；对于凹马鞍形零件，因在拉形时毛料易向中间滑动，中部易起皱，所以一般须进行两次或两次以上拉

形。对于纵向拉形的零件，一般都是一次拉形。

拉形程度是指每次拉形时零件能达到的贴模程度及材料允许的变形程度。拉形程度的控制主要是对需要两次以上拉形的零件而言的，对于这类零件，每次变形量应控制在什么范围之内才能把零件顺利拉成，要在实际操作中凭经验确定或经过几次试验才能确定。

3. 拉形力与拉形速度

在拉形过程中，用理论方法确定拉形力较为困难，因此，生产中常用近似关系式估算。对于横向拉形，使板材不破裂的拉形力 F 为

$$F = kBt\sigma_b \qquad (5-5)$$

式中　F——拉形力，N；

　　　k——修正系数（铝合金可取 1.02）；

　　　B，t——毛料的宽度和厚度，mm；

　　　σ_b——材料的强度极限。

若毛料在机床上的包角为 α（见图 5-17），则横拉的拉形力为

$$P = 2F\sin\alpha/2 \qquad (5-6)$$

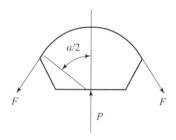

图 5-17　横向拉形

对于纵拉，拉形力为

$$P = 0.9\sigma_b S \qquad (5-7)$$

式中　S——板料剖面积，mm^2

拉形过程要做到速度均匀，不间断，有利于提高零件质量。工作台上升速度如表 5-4 所示。

表 5-4　工作台上升速度（适用于铝合金材料拉形）

材料厚度/mm	工作台上升速度/(mm·s^{-1})
≤0.6	2.5~3.5
0.8~1.0	3.5~6
>1.0	6~8

4. 毛料尺寸的确定

采用拉形成形的零件，绝大部分都是双曲度，而且零件外形尺寸都比较大。它的毛料尺寸除了零件本身需要的部分（包容拉形模型面部分）以外，还要放出两侧钳口夹紧部分和钳口到拉形模边缘悬空部分（传力区），并考虑拉形过程中的需要，这样毛料必须很大。拉

形之后，特意放大部分及零件边沿线以外部分（留够零件需要的装配余量）全部被切掉成了废料。因此，拉形成形同其他成形方法相比，材料利用率较低，尤其是拉形中小零件材料的利用率更低。

合理确定毛料尺寸，提高拉形工艺的材料利用率，可提高经济效益、降低成本。

毛料尺寸的确定如图 5-18 所示。

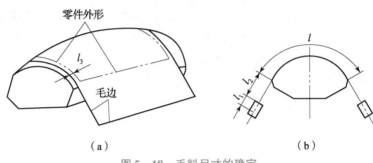

图 5-18 毛料尺寸的确定

(a) 宽度确定；(b) 长度确定

1）毛料的长度为

$$L = l + 2(l_1 + l_2) \tag{5-8}$$

式中 L——毛料长度；

l——拉形模型面最大截面处的展开长度；

l_1——毛料的夹紧余量，与夹钳的构造有关，一般为 50 mm；

l_2——拉形模边缘到钳口间的过渡区（传力区）长度，一般为 100~200 mm。

2）毛料的宽度为

$$B = b + 2l_3 \tag{5-9}$$

式中 B——毛料宽度；

b——零件的最宽处展开尺寸；

l_3——每边的余量，一般取 30~50 mm。

由于马鞍形零件两端高、中间低，故拉形时材料容易向中间滑动，需要放出两端的包角余量。对于锥度较大的零件，应下成梯形毛料。

知识点四 拉形成形方法

拉形成形方法尽管多种多样，但归结起来就是横向拉形和纵向拉形两大类或者说是两种方式。

1. 横向拉形

（1）按拉形模底面积的大小选用平台。平台的大小以不妨碍拉形成形为原则，一般都比拉形模的底面积稍小些，但不能小得太多，否则容易损坏拉形模。

（2）将选好的平台对称装在拉形机的工作台上。

（3）将拉形模对称吊放在平台上。拉形模吊放位置应尽量使占用夹紧毛料的钳口数量最少，并使靠毛料两端的钳口能整个夹住毛料，如图 5-19 所示。根据毛料宽度，当无法做到如图 5-19（b）所示的位置，而在毛料一侧的夹钳仅夹住毛料的一部分时，按如图5-20

所示处理，即在没夹住的部分垫上与毛料同厚度、同状态的垫片，使夹持力均匀，以防止毛料在拉形过程中由此处先断裂。

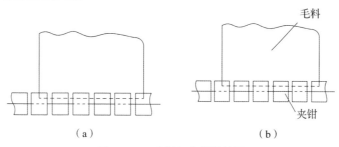

图 5 – 19　毛料与夹钳的位置

（a）不正确；（b）正确

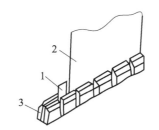

图 5 – 20　夹钳中垫片的位置

1—垫片；2—毛料；3—夹钳

（4）按拉形模外廓形状调整各夹钳的相应位置，使之与拉形模外廓尺寸相符合。

调整夹钳与拉形模两侧边的距离，使毛料在拉形时能与拉形模的表面相切，如图 5 – 21（a）所示。如果拉形模两侧型面延伸部分是很长的直线段，夹钳应向内转动 2°~3°，防止直线段这部分的毛料起皱，如图 5 – 21（b）所示。

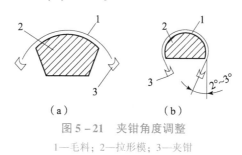

图 5 – 21　夹钳角度调整

1—毛料；2—拉形模；3—夹钳

（5）弯曲毛料，并夹入两侧的夹钳中。夹料时，使两侧的余量均匀，不能一侧的余量很大，而另一侧不够用。另外，各夹钳的夹持力不一定均匀，可能大小不一。为此，应将夹钳反复夹几次，或用橡皮条抽打夹钳边缘处的毛料，使个别夹不紧的夹钳能较均匀地夹住毛料。

（6）上升工作台进行拉形成形。当毛料开始被拉伸时，看四周是否均匀，如果某处的毛料过松或过紧，则移动钳梁来消除，否则毛料容易出皱或易断，拉形模易偏移。

形状简单的零件，可将平台平行上升，一次拉成；形状复杂的零件，须将工作台倾斜一角度，先拉某一部分，然后再拉另一部分，这样使毛料各部分均匀变形。在拉形过程中，可随时通过用橡皮条抽打或调整夹钳来排除皱纹。

在毛料完全与拉形模贴合后，给予少量补拉伸，以提高贴模度。

在拉制包角很大的零件时，因摩擦阻力大，使中间的毛料不容易伸长，不利于拉形，而会发生回弹不贴模。因此，要用减小包角的办法解决，即先把顶部拉贴模［见图 5 - 22 (a)］，然后两排夹钳向里倒，再拉两侧［见图 5 - 22 (b)］。

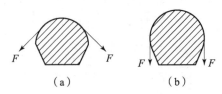

图 5 - 22　减小摩擦拉形

(a) 减小摩擦拉形；(b) 拉两侧

当第一次拉形时，毛料可能起皱，起皱的大小与夹钳张开的程度有关。所以第一次拉形时夹钳不要张得太大，又要使顶部的毛料多产生变形，当第二次拉形时，再及时穿插橡皮条抽打，便可消除皱纹，拉出好零件。

拉形时，由于种种原因，拉形模位置可能移动，应及时纠正，否则会影响拉形的顺利进行。

(7) 下降工作台，去掉外力，松开钳口，取下零件。取下零件时，一定要先下降工作台，去掉外力后再松开钳口。否则，由于钳口先后松开不一致，易撕坏毛料或零件。

在拉制带加强筋、下陷或凹凸鼓包的零件时，拉好后应稍降工作台，使毛料的张紧状态稍放松，再用橡皮抽打，或用顶木顶好，否则不但零件不贴模，还容易打裂零件。待全部加工好后，再去掉外力，取下零件。

2. 纵向拉形

纵向拉形是由工作台上顶与夹钳拉伸的复合交错动作完成的。

对于某一零件来说，何时上顶、顶多少，何时拉、拉多少，是决定零件能否拉好的关键。因此，纵向拉形比横向拉形复杂得多，要具有一定的实践经验才能拉好零件。

纵向拉形时，要掌握好上顶的程度。顶多了会使纵向曲度增大，两边毛料上挠。这样，为使两边的毛料也达到一定的拉力，就必然使中间的毛料加大了拉伸量，因此，很可能在两边还未拉贴模时，中间的材料已经断裂。如果顶少了，当钳口拉伸时，中间毛料会悬空出棱，很难消除，尤其是在钳口与拉形模端面形状不吻合时，这种现象更为突出。

其主要操作过程与横向拉形相似，这里不再重复。

拉形成形后，还不是成品零件，只是半成品。把半成品做成成品零件，还需要进行以下钣金工序。

(1) 划边沿线。

(2) 切割外形及开孔（没有孔者除外）。

(3) 修整。

(4) 去毛刺。

(5) 检验。

(6) 表面处理。

(7) 移交到使用单位。

知识点五　拉形成型设备

1. 横向拉形机（台动式）

横向拉形是依靠拉形机台面上升来完成的，即通过台面上升，使毛料和拉形模接触，经拉伸逐步与模具贴合而形成蒙皮。横向拉形机构造如图5-23所示。

在拉形机中，安放拉形模的台面由液压缸推动，做上下平行运动，也可做倾斜运动。两侧的夹钳可以调整位置，但工作过程中固定不动。拉形时，根据蒙皮的顶部形状将钳口调至适当位置并加以固定，务必使夹钳的拉力作用线与拉形模边缘相切。

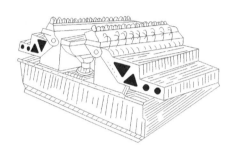

图5-23　横向拉形机构造

2. 纵向拉形机（台钳双动）

纵向拉形机以台、钳双动式的构造形式居多，所以也称为台钳双动式拉形机。它的工作原理是通过台面上升和夹钳的纵向运动使毛料受到拉伸，并与拉形模相接触而逐渐贴合形成蒙皮。纵向拉形机构造如图5-24所示。

在机床中，用作安放拉形模的工作台是由液压缸操作上、下运动或倾斜运动，位于工作台两侧的夹钳钳台用丝杠调节可做水平方向移动。倾斜液压缸用于调节钳口角度，拉伸液压缸则用于给毛料施加拉力。

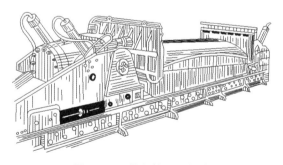

图5-24　纵向拉形机构造

3. 拉形模

1）木框或竹胶板框环氧胶砂模

这种模具以松木或竹胶板组成框架，内部填入环氧胶砂作为模具基体，工作面粘贴15 mm左右的环氧塑料层，如图5-25所示。环氧胶砂模的强度高，不易变形，但模具重，成本高，适用于拉制较厚蒙皮。

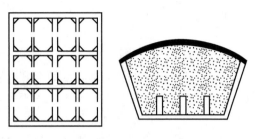

图 5 - 25 环氧胶砂拉形模

2）金属骨架环氧塑料模

这种模具骨架可以是铸钢或铸铝，厚度为 50 ~ 80 mm，也可以用 10 ~ 20 mm 的钢板焊成，工作面为 20 mm 左右环氧塑料层，用于拉制厚蒙皮零件。

3）环氧泡沫塑料胶砂模

这种模具用层板作框架，内充泡沫塑料作为基体，其上贴敷环氧玻璃钢作面层，用于拉制大型蒙皮零件。

【任务实施】

蒙皮拉形任务实施过程见表 5 - 5。

表 5 - 5 蒙皮拉形任务实施过程

序号	实施项目	操作步骤	实施要点	备注
1		毛料准备： （1）材料牌号 2A12（LY12）； （2）板坯规格 $\delta = 1.2$ mm； （3）数量：1 件		
2	准备工作	工艺装备： （1）划线平板； （2）划规； （3）钢板尺； （4）样板； （5）钳工台案； （6）锉刀； （7）手动剪； （8）剪板机； （9）橡皮榔头； （10）手打橡皮模； （11）拉形模； （12）拉形机； （13）细纱布		

序号	实施项目	操作步骤	实施要点	备注
3		读懂零件图样,明确工作任务,领取符合材料牌号、规格的板料		
4		根据图样计算毛料尺寸并考虑加持余量和过渡区,确定好毛料尺寸。划线,用剪板机下料,手动剪修形		
5		去除毛刺,修光毛料边缘		
6	任务实施	检查拉形机处于完好状态。按拉形模底面积选用平台,依次吊装平台和拉形模调整并固定		
7		调整好夹钳位置,使之与拉形模外廓和毛料尺寸相协调。两侧夹钳固定夹持毛料,做好准备工作		
8		开动机器,台、钳动作完成拉形成形过程		
9		工作台复位,去掉外力,松开钳口,取出工件		
10		按图样要求全面检查工件形状、尺寸,符合质量要求		
11		在工件表面指定位置做好班级、学号、姓名标记,上交工件		
12		清理、保养设备,清扫工作场地		
13	任务结束	清点工具和量具,并摆放整齐		
14		保持工作场地整洁、卫生,做到安全文明生产		

【任务评价】

根据表 5-6 评价标准,对任务完成情况进行评价和总结。

表 5-6 蒙皮拉形任务评价标准

序号	评价项目	评价内容	配分	评分标准		学生互评(40%)	教师评价(60%)	备注
				合格	超差			
1	专业能力	1 160 mm ± 3 mm	20	20	15			
2		800 mm ± 3 mm	20	20	15			
3		$R850$ mm	10	10	8			
4		$R480$ mm	10	10	8			
5		表面光滑、无裂纹、划伤、夹痕	20	发现一处缺陷扣除 2 分				

续表

序号	评价项目	评价内容	配分	评分标准		学生互评（40%）	教师评价（60%）	备注
				合格	超差			
6	职业素养	解决问题能力	10	酌情得分				
7		团队合作精神、安全文明生产、质量意识	10	违反规定酌情扣除3~5分				

【思考与练习】

（1）何谓拉形成形？简述拉形成形原理。

（2）拉形成形过程大致分为哪三个阶段？

（3）拉形设备有哪两类？简述其主要构造。

（4）何谓拉形模？拉形模的材料有哪几种？

（5）拉形零件毛料尺寸如何计算？

（6）简述横向拉形成形的工艺过程。

拓展阅读

程宝蕖，南京航空航天大学教授　著名的飞机制造工艺专家

出生于1918年，湖北汉川人，南京航空航天大学教授。1941年毕业于中央大学航空工程系，1944年起先后赴美国、英国留学。1952年到南航工作，任机械工程系教授，享受政府特殊津贴。

程宝蕖教授长期致力于飞行器制造工程的教学与研究工作，尤其在飞机装配、协调准确度与容差分配等方面进行了系统的研究，有很深的学术造诣，是国内外著名的飞机制造工艺专家。主持并独立完成的"飞机制造协调准确度与容差分配"研究，在国内外颇具影响，曾获全国科学大会奖，其著作获部级优秀教材二等奖。1990年获国家教育委员会授予的从事高校科技工作四十年成绩显著荣誉证书，1992年获航空航天工业部授予的有突出贡献专家称号。

程宝薁教授在飞机制造工艺、飞机装配工艺、飞机制造准确度等方面的多项成果广泛应用于国内飞机生产及专业教学，并应用于系列航空工业标准的编制。他主编了《飞机制造互换协调技术》《飞机构造工艺性》等专著，主持了《飞机部件结合交点公差》《飞机钣金件尺寸公差及技术条件》等航空工业标准的制定。他编著的《飞机制造中装配夹具的设计与制造》一书曾被用于国际交流。程宝薁教授在国内外发表有影响的科技论文20余篇。

云铎

◆航空机械工程专家

◆航空机械工程系
首任系主任

余承业

◆特种加工专家

◆开创我国电加工专
业研究生教育

张幼桢

◆机械加工专家

◆国内第一位CIRP
Fellow

程宝薁

◆飞机制造专家

◆首创的容差分配协
调方法奠定我国飞
机装配的理论基础

任务五

蒙皮类零件成形

127

任务六

型材类零件成形

【任务导言】

型材类零件是构成飞机骨架的主要结构件之一，在飞机纵向和横向构件中广为应用。型材零件根据在飞机结构中所起的作用，可分为长桁、框肋、梁及加强件的凸缘等。型材零件按外形可划分为直线形、平面弯曲和空间弯曲三类。

【任务内容】

子任务 6.1 型材滚弯成形　分析型材滚弯成形原理、型材滚弯成形方法和常见缺陷与排除方法。

子任务 6.2 型材拉弯成形　分析型材拉弯成形原理、工艺参数及拉弯成形设备和常见缺陷与排除方法。

【学习目标】

（1）熟悉型材滚弯成形原理和方法；

（2）掌握型材滚弯工艺操作方法；

（3）熟悉型材拉弯成形原理、方法和设备；

（4）掌握型材拉弯工艺操作方法；

（5）提高学生认识、分析和解决问题的能力；

（6）培养学生工作中的创新意识、质量意识、团队合作精神和工匠精神。

子任务 6.1　型材滚弯成形

【任务描述】

图 6-1 所示为型材滚弯零件，按图样形状和尺寸，用滚弯成形方法制作合格零件。

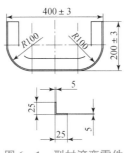

图 6 – 1　型材滚弯零件

【任务引导】

引导问题 1：什么是滚弯成形？飞机上常见的型材滚弯零件有哪些？

引导问题 2：板材滚弯和型材滚弯有什么区别？

【知识学习】

型材滚弯成形

知识点一　型材滚弯成形原理

滚弯型材使用的多为四轴滚弯机，其工作原理如图 6 – 2 所示。滚弯机的工作部分由四个滚轮组成，中间一对滚轮 1 和 2 是由机械传动且反向转动的导轮，3 是随动的弯曲轮，4 是随动的支承轮。弯曲轮的上、下位置可通过机床的液压系统进行调节。上导轮的上、下位置可通过手轮加以调整。支承轮 4 和下导轮 2 的轮面位于同一平面。

滚弯开始前，先将上导轮提起，调节弯曲轮使其与下导轮和支承轮位于同一平面上。将毛料放在三个滚轮上后，放下上导轮压紧毛料，然后开动液压系统，根据要求的弯曲半径 R_0 将弯曲轮调节至适当位置。当弯曲轮上升时，毛料受到外加弯矩的作用，位于弯曲轮和导轮间的毛料产生弯曲变形。

机床开动后，导轮同时反向转动，毛料在导轮间摩擦力的作用下向着弯曲轮送进。滚弯的过程可以看成是毛料上无数个小弧段的依次连续弯曲的过程，也就是连续加载、卸载的过程。如果各滚轮的相对位置保持不变，则滚弯结束后，凡是经过加载—卸载全过程的断面，其曲率都应相同。因此，用滚弯方法可以弯制等曲率型材弯曲件。

毛料经过滚弯后形成的曲率半径 R 主要与滚轮间的相对位置、上导轮直径、材料的力学性能和型材的断面形状等因素有关。当其他条件不变时，在滚弯过程中如果按照一定规律调节弯曲轮的位置，即改变尺寸 H 和 L（见图 6 – 2），就可以滚弯出变曲率的型材弯曲件。有些机床安装靠模，利用靠模在滚弯过程中调节弯曲轮的相对位置，以弯制符合要求的变曲率型材弯曲件。

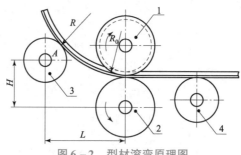

型材滚弯

图 6-2 型材滚弯原理图

1—上导轮；2—下导轮；3—弯曲轮；4—支承轮

知识点二 型材滚弯方法

1. 常用滚轮结构

型材滚弯时，需要按型材的断面形状设计制造滚轮，将滚轮装在滚轴上，通过滚轮进行滚弯。几种常用滚轮的结构形式如下。

1）Ⅱ形型材滚轮

应使弯曲轮尺寸 A 与零件一致，否则滚弯时会产生畸变，如图 6-3 所示。

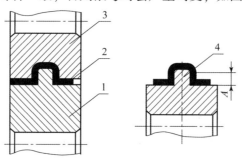

图 6-3 Ⅱ形型材滚轮

1—下滚轮；2—零件；3—上滚轮；4—弯曲轮

2）L 形型材滚轮

当零件直壁受展时，应使零件靠背滚弯，以减少扭曲，如图 6-4 所示。当零件的直边收缩时，滚轮结构如图 6-5 所示，亦需两零件靠背滚弯减少扭曲。

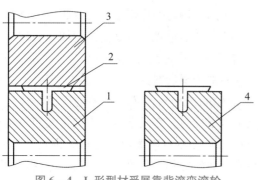

图 6-4 L 形型材受展靠背滚弯滚轮

1—下滚轮；2—零件；3—上滚轮；4—弯曲轮

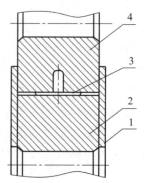

图 6-5 L 形型材受压靠背滚弯滚轮

1—挡块；2—下滚轮；3—零件；4—上滚轮

3）Z 形型材滚轮

此类型材刚度大，直边处更难变形，故滚轮上要设计顶块，以减少弯边凹陷，如图 6 - 6 所示。

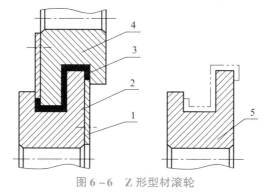

图 6 - 6　Z 形型材滚轮

1—顶块；2—下滚轮；3—零件；4—上滚轮；5—弯曲轮

2. 型材滚弯操作方法

（1）检查电器开关是否良好、模具是否洁净。

（2）安装调整模具，使上、下滚轮和弯曲轮的中心线在同一平面内，并使滚轴轴线平行。

（3）按零件的滚弯曲率要求初步调整弯曲轮至上、下滚轮的距离。

（4）清除毛料表面污物并润滑。

（5）滚弯时分次缩短弯曲轮的距离，逐步成形弧度，并准确控制机床的启动与停止。当零件滚弯产生偏斜、扭曲及伤痕时，应及时取下零件，排除故障后再进行滚弯。

【任务实施】

型材滚弯任务实施过程见表 6 - 1。

表 6 - 1　型材滚弯任务实施过程

序号	实施项目	操作步骤	实施要点	备注
1		毛料准备： （1）材料牌号：2A12（LY12）； （2）规格：型材 50 mm×50 mm×5 mm； （3）数量：1 件		
2	准备工作	工艺装备： （1）划线平板； （2）划规； （3）钢板尺； （4）样板； （5）钳工台案； （6）锉刀； （7）手动剪； （8）弯剪刀；		

续表

序号	实施项目	操作步骤	实施要点	备注
2	准备工作	（9）橡皮榔头； （10）胎模； （11）滚弯机； （12）细纱布		
3	任务实施	读懂零件图样，明确工作任务，领取符合材料牌号、规格的型材		
4		根据图样计算展开毛料尺寸，划线用手动剪下料，弯剪刀修形		
5		去除毛刺，修光毛料边缘		
6		检查滚弯机处于完好状态，调整滚轴和胎模处于工作状态		
7		毛料放入滚弯机胎模，找正并定位。滚弯过程中，为了减小回弹，初调上滚轴压下量，滚弯后用样板测量。根据测量结果，再调整、测量，达到要求为止		
8		按图样要求全面检查工件形状、尺寸，符合质量要求		
9		在工件表面指定位置做好班级、学号、姓名标记，上交工件		
10	任务结束	清理、保养设备，清扫工作场地		
11		清点工具和量具，并摆放整齐		
12		保持工作场地整洁、卫生，做到安全文明生产		

【任务评价】

根据表6-2所示评价标准，对任务完成情况进行评价和总结。

表6-2　型材滚弯任务评价标准

序号	评价项目	评价内容	配分	评分标准 合格	评分标准 超差	学生互评（40%）	教师评价（60%）	备注
1	专业能力	400 mm ± 3 mm	20	20	15			
2		200 mm ± 3 mm	20	20	15			
3		$R100$ mm	20	20	15			
4		表面光滑、无裂纹、划伤、夹痕	20	发现一处缺陷扣除2分				

序号	评价项目	评价内容	配分	评分标准		学生互评（40%）	教师评价（60%）	备注
				合格	超差			
5	职业素养	解决问题能力	10	酌情得分				
6		团队合作精神、安全文明生产、质量意识	10	违反规定酌情扣除 2~3 分				

【思考与练习】

（1）什么叫滚弯成形？滚弯成形适合于成形何种类型的零件？

（2）简述滚弯的基本原理及特点。

子任务6.2　型材拉弯成形

【任务描述】

图 6 – 7 所示为型材拉弯零件，按图样形状和尺寸，用拉弯成形方法制作合格零件。

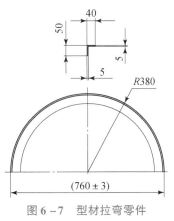

图 6 – 7　型材拉弯零件

【任务引导】

引导问题 1：什么是拉弯成形？飞机上常见的型材拉弯零件有哪些？

引导问题 2：型材滚弯和型材拉弯有什么区别？

【知识学习】

飞机上的框肋缘条、机身前后段和发动机短舱的长桁，都是尺寸大、相对弯曲半径大的变曲率挤压型材弯曲件。这类零件是组成飞机骨架的受力零件，直接影响到飞机的气动力外形，因而形状的准确度要求很高。为了制造这类型材弯曲件，生产中普遍采用拉弯的工艺方法。

知识点一　型材拉弯成形原理

型材拉弯成形

1. 拉弯成形原理

拉弯成形（简称拉弯）是指型材零件在弯曲过程中施加一定的拉力，使其产生拉伸弯曲变形的工艺方法。拉弯成形过程如图 6 – 8 所示，毛料放入两夹头内并夹紧预拉 ［见图 6 – 8 （a）］，将预拉的毛料沿拉弯模弯曲 ［见图 6 – 8 （b）］，最后补加拉力使其贴模 ［见图 6 – 8 （c）］。

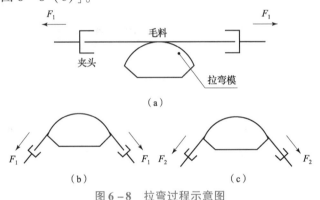

图 6 – 8　拉弯过程示意图
（a）预拉夹紧毛料；（b）沿拉弯模弯曲毛料；（c）补拉成形

板料纯弯曲时在断面上产生内层受压、外层受拉、中性层不变的应力状态，如图 6 – 9 所示。在弯矩 M 的作用下，剖面上引起拉应力 σ_1 和压应力 σ_2，卸载后弯矩 M 被去除，材料在异号的应力作用下回弹很大，因而使零件不能完全保持弯曲过程中所得到的形状。而拉弯时，板料同时受到拉伸与弯曲的作用（见图 6 – 9），外层拉应力逐渐加大，内层压应力最初因抵消（拉应力）而减小，随后也开始受拉，由于拉伸力 F 的数值逐渐增大，因此最终使零件在沿整个厚度上分布的都是拉应力。这样当拉力 F 和弯矩 M 被去除后，基本上能保持原来弯曲时零件的形状，这就是拉弯和压弯的根本区别。拉弯的基本原理是在毛料弯曲的同时，加以切向拉力，改变了毛料断面内的应力状态，减小或基本消除了弯曲回弹，从而提高了零件的准确度。

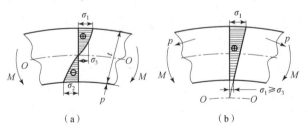

图 6 – 9　弯曲和拉伸时材料剖面上应力分布图
（a）纯弯曲时板料内的应力状态；（b）拉弯时板料内的应力状态

按照加载方式和次序的不同，拉弯的方法有先弯后拉，先拉后弯，以及先拉后弯、最后补拉三种。但先弯后拉，当毛料与模具完全贴紧后，由于模具对毛料的摩擦作用，后加的拉力很难均匀地传递到毛料的所有剖面上，影响后加拉力的效果；而先拉后弯，即使拉力很大，预拉效果也会因弯曲时压应力区的卸载作用而很快消失，不利于减小回弹。因此生产中多采用第三种先拉后弯、最后补拉的复合方法。

2. 拉弯的特点

（1）回弹小，精度高，质量较好，可拉制相对弯曲半径大的零件。

（2）模具结构简单，不用整修回弹，应用较为广泛。

知识点二　型材拉弯成形设备

型材拉弯设备按照构造特点，可分为转台式拉弯机和转臂式拉弯机两种类型。

1. 转台式拉弯机

转台式拉弯机的基本原理是台面连同模具在工作过程中旋转，而拉伸油缸固定不动。拉伸油缸固定在床身上（见图6-10），工作时，旋转台3上装有拉弯模2及固定夹头1。油缸7装于旋转支臂5上，双活塞杆8的端头固定有夹头9。毛料夹紧后，利用液压拉伸毛料，然后开动旋转台，使毛料盘绕于模具上，在绕弯过程中，毛料将双活塞杆8逐渐拉出，排出油缸前腔的液压油，使毛料所受的拉力保持不变，绕弯结束后，再视零件的需要加以补拉。

侧压装置由侧压床身10、跟踪油缸11、滑枕12、侧压油缸13和侧压块14组成。侧压床身与拉弯机的主床身平行，跟踪油缸的活塞杆两端分别固定在床身的两侧，在缸体的上方固定着可沿床身导轨滑动的滑枕12，油缸体带动沿导轨左右移动。侧压油缸13安装在滑枕上，在其活塞杆的端部安装着侧压块14，在跟踪油缸11的带动下压在毛料的切点上直至绕弯过程结束。

转台式拉弯机的优点是构造比较简单，能弯制正反曲率的型材。但是拉伸油缸的行程需要很大，拉力又只能从一端加于弯曲毛料，力的传递路线长，受到零件与模具间摩擦力的抵消作用，降低了补拉的效果。

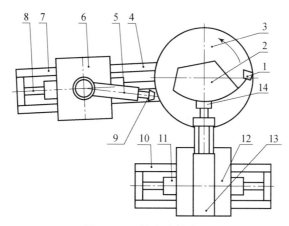

图6-10　转台式拉弯机

1—固定夹头；2—拉弯模；3—旋转台；4—床身；5—旋转支臂；6—滑块；7—油缸；8—双活塞杆；

9—夹头；10—侧压床身；11—跟踪油缸；12—滑枕；13—侧压油缸；14—侧压块

2. 转臂式拉弯机

转臂式拉弯机的基本原理是台面固定不动，由两侧转臂连同拉伸油缸环绕模具旋转。如图 6-11 所示，台面 1 固定不动，由两侧转臂连同拉伸油缸 5、7 环绕弯曲模 10 旋转。每个转臂上分别装有拉伸油缸，转臂由装在床身上的弯曲油缸 3 用拉杆带动旋转。模具对称装在工作台面上，操作时，将毛料两端夹紧后开动拉伸油缸，使毛料受拉，然后转动转臂，使毛料绕模具弯曲成形，最后进行补拉。

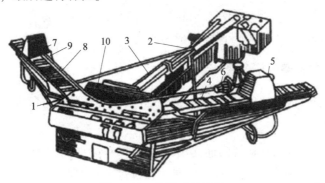

图 6-11　转臂式拉弯机

1—台面；2—滑块；3—弯曲油缸；4，8—导轨；5，7—拉伸油缸；6，9—夹头；10—弯曲模

随着科学技术的发展，数控拉弯机已成为航空、航天、汽车制造、建筑等行业型材零件加工的关键设备。数控型材拉弯机具有极强的加工各种黑色及有色金属板制和挤压型材零件的弯曲成形能力，可有效地防止皱折的产生，提高零件的抗拉刚性，具有回弹小、成形质量好等特性。

3. 拉弯模具及夹头

根据零件的材料和厚度。拉弯模的材料可选用厚铝板、塑料板和钢板来制造，也可以采用厚铝板周围或局部用钢板加强的形式。拉弯模的典型结构如图 6-12 所示，它是由上模、垫板和底板三块拼成，用埋头螺栓连接。模具的两端头，根据装配要求和加工的需要，每端应适当加长，一般比零件的边缘加长 10 mm 左右。根据机床台面上的孔，钻出拉弯模上的安装孔，为便于安装和调整，孔要开得大些。拉弯时为使夹头能自由地进到模具后方，以保证拉力方向与模具两端相切，并减小两端的拉弯余量，因此拉弯模两端要做成缺口或斜角。为了使毛料容易流动和防止划伤零件，模具的两个端头应倒成圆角，一般圆角 R 为 20 mm 左右。

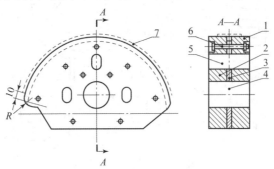

图 6-12　拉弯模具典型结构

1—上模；2—底板；3—垫板；4—减轻孔；5—安装孔；6—螺栓；7—零件

拉弯时，夹头内的夹块必须根据型材的断面形状更换，夹块的形状如图6-13所示。为防止毛料滑出常作成齿面，齿面要能可靠地啮入毛料、均匀传递拉力，所有夹块表面要与毛料表面接触，并使拉力的合成通过毛料断面的重心。

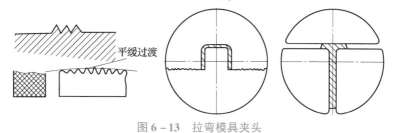

图6-13 拉弯模具夹头

知识点三 型材拉弯工艺

拉弯成形可以用于各种材料制成的挤压和板弯型材。制定型材零件拉弯工艺的中心环节是选择合理的拉弯用量，以求在最小的拉伸量下获得最佳的零件准确度。由于生产中普遍采用先预拉、后弯曲、最后补拉的操作方法，因此所谓合理的拉弯用量，主要是指拉弯次数和补拉量。生产中拉弯过程主要采用一次拉弯和两次拉弯两种方案。

1. 一次拉弯

一次拉弯适用于变形较小的中小型型材零件的拉弯。

一次拉弯的工艺过程：下料→淬火→在淬火后材料的时效期内预拉0.7%~1.0%→保持拉力不变，将型材毛料弯曲至贴合模具外形→补拉→检验。

在一次拉弯中，为了获得理想的梯形应力分布状态，零件的相对弯曲半径R/h（见图6-14）不能小于表6-3中所示的数据。

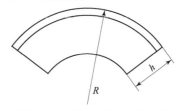

图6-14 零件相对弯曲半径

表6-3 一次拉弯相对弯曲半径极限值

材料牌号	零件相对弯曲半径 R/h		
	热处理状态		
	淬火及时效	新淬火	退火
7A04（LC4）	—	≥18	≥15
2A12（LY12）	≥20	≥15	≥15

注：h——型材剖面高度；
R——内弯曲半径

任务六 型材类零件成形

2. 两次拉弯

两次拉弯适用于变形程度大的大中型型材零件的拉弯。

两次拉弯的工艺过程：下料→退火→预拉（约1%）→不变预拉力绕拉弯模弯曲→淬火→弯至贴模后进行补拉→修正检验。

3. 拉力及毛料长度的确定

（1）拉力计算。按下列经验公式初步计算，通过试验确定。

预拉力：

$$F_l = \sigma_s \cdot S$$

补拉力：

$$F_2 = (0.7 - 0.9)\sigma_b \cdot S$$

式中　σ_s——屈服极限；

　　　σ_b——强度极限；

　　　S——型材的断面面积。

拉弯零件的毛料长度为

$$L = l_1 + 2(r + l_2 + l_3)$$

式中　L——零件毛料长度；

　　　l_1——零件展开长度（在拉弯模上量取）；

　　　l_2——夹持余量（与机床及夹头的构造有关，约为50 mm）；

　　　l_3——模具距夹头间的尺寸（常取25 mm）；

　　　r——模具端头圆角半径。

【任务实施】

型材拉弯任务实施过程见表6-4。

表6-4　型材拉弯任务实施过程

序号	实施项目	操作步骤	实施要点	备注
1		毛料准备： （1）2A12（LY12）； （2）规格：型材50 mm×50 mm×5 mm； （3）数量：1件		
2	准备工作	工艺装备： （1）划线平板； （2）划规； （3）钢板尺； （4）样板； （5）钳工台案； （6）锉刀；		

序号	实施项目	操作步骤	实施要点	备注
2	准备工作	（7）手动剪； （8）弯剪刀； （9）橡皮榔头； （10）拉弯模； （11）拉弯机； （12）细纱布		
3	任务实施	读懂零件图样，明确工作任务，领取符合材料牌号、规格的型材		
4		根据图样计算展开毛料尺寸，划线，用手动剪下料，弯剪刀修形		
5		去除毛刺，修光毛料边缘		
6		检查拉弯机处于完好状态，调整旋转台和拉弯模处于工作状态		
7		夹持固定型材两端，找正型材位置并与拉弯模相切。按照拉弯机操作规程，采取预拉→拉弯→补拉工艺方法，完成拉弯成形。 拉弯过程中，为了减小回弹，初调拉弯力和行程，拉弯后用样板测量。根据测量结果，再调整、测量，达到要求为止		
8		按图样要求全面检查工件形状、尺寸，符合质量要求		
9		在工件表面指定位置做好班级、学号、姓名标记，上交工件		
10	任务结束	清理、保养设备，清扫工作场地		
11		清点工具和量具，并摆放整齐		
12		保持工作场地整洁、卫生，做到安全文明生产		

【任务评价】

根据表 6 – 5 评价标准，对任务完成情况进行评价和总结。

任务六 型材类零件成形

表6-5 型材拉弯任务评价标准

序号	评价项目	评价内容	配分	评分标准		学生互评（40%）	教师评价（60%）	备注
				合格	超差			
1	专业能力	（760±3）mm	30	30	25			
2		R380 mm	30	30	25			
3		表面光滑，无裂纹、划伤、夹痕	20	发现一处缺陷扣除2分				
4	职业素养	解决问题能力	10	酌情得分				
5		团队合作精神、安全文明生产、质量意识	10	违反规定酌情扣除2~3分				

【思考与练习】

（1）什么叫拉弯成形？拉弯的基本原理是什么？

（2）拉弯成形方法主要适合于哪类零件生产？

（3）拉弯的设备分为哪两种？它们的基本原理是什么？

（4）拉弯工艺主要有哪两种方法？各在何种情况下采用？

拓展阅读

王伟，努力铸"工匠摇篮"，夯"工匠梯队"

王伟，中国商用飞机有限责任公司上海飞机制造有限公司钣金制造车间钣金七组组长。王伟出身"航空世家"，接过了上一辈老航空人的"接力棒"，投身国产民机事业，为ARJ21新支线项目、C919大型客机项目飞机零件钣金件制造做出了突出贡献。

2014年，车间突然接到C919大型客机首架机一处蒙皮制造任务。面对时间节点要求紧、零件制造难度高、加工误差在0.25 mm内这一"不可能的任务"，王伟接下了这个"烫手山芋"。最终他凭借爱钻研的劲头与几十年实践所练就的校形真功夫，将铝锂合金蒙皮的公差缩小到0.09 mm，远超国际主流工艺标准，填补了国内在此领域的空白。"一锤一击"皆学问，"一上一下"亦匠心，王伟以手工打造精美弧线，托举中国大飞机翱翔蓝天。

班组长"绝活"："一摸二看三对照"检验方法

一摸：零件完成后，用手指摸，要求零件表面和边缘无印痕。

二看：零件完成后，严格按照图纸要求看角度、看平整度。

三对照：零件完成后，需要用样板对照外形、对照孔位、对照尺寸。

铸"工匠摇篮"、夯"工匠梯队"是大国工匠、钣金车间钣金七组组长王伟一直在身体力行的事，他的目标是组成一支既有精湛技艺，又有工匠精神的"忠诚大飞机事业的铁杆工匠队伍"。

在实现目标的道路上，他不断研究钣金加工技巧，找寻"收""放"之间的规律；他不断总结产品质量把控要领，提出可推广的"检验方法"；他不断探寻适合新职工成长的路径，为"工匠梯队"助力。

优秀的钣金工，就是"收""放"高手

手艺人用一收一放的辩证法将每块材料加工成产品。钣金工用锤子有技巧地敲击，使金属材料伸展或收缩，以达到尺寸误差和形位误差在技术标准范围内的目的。这种技巧，在钣金件制造中又称"收"和"放"。

"收""放"是钣金制造的基本功，也是见证一位优秀钣金工的重要功底。王伟就是一位"收""放"高手，从事钣金制造20余年，经手零件再多、完成质量再高，他也没有降低自己对基本功锤炼的要求，工作之余，拿几块废料练习，让自己不要"手生"。

很多人对王伟的做法不理解，一方面是，老师傅，技术强，真的有必要每天练吗？另一方面，"收""放"看上去就是拿着榔头敲敲打打，有那么多奥妙吗？"人家说钣金就是敲敲打打，没错，但是敲敲打打也是门学问，首先，角度要正确，正确敲下去的榔头印子是圆的，而不正确的印子是半月形的；其次，落点要正确，你不能想敲的是 A 点，榔头却落到了 B 点；第三，也是最重要的，是力度要把握好，力度不够不行，力度过了

更加不行。"王伟说。

　　做好钣金零件，用三个字概括就是"稳、准、精"，即稳扎稳打、准确落点、精益求精，或许，这三个字就是对"精准钣金"的最好诠释。王伟用几十年的时间总结出技巧，也靠这种技巧攻下了无数钣金加工的"制高点"，如在加工 ARJ21 支线飞机和 C919 大型客机钣金零件中，将蒙皮的测量精确度提高近 64%，远超国际主流工艺标准就是最好的证明。

任务七
管子弯曲成形

【任务导言】

在现代航空、航天器上有很多种管子零件，按其功用可分为结构管子、系统导管和操纵拉杆的管子。它们的外形有直管、较为规则的平面弯管以及复杂的空间弯曲管。这些管件的主要制造方法有切割、管端成形（如扩口、缩口、波纹等）和弯曲。弯管成形技术经历了手工成形、机械弯管机成形和数控弯管机成形三个发展阶段。

【任务内容】

管子弯曲受力分析、最小弯曲半径和常用弯管方法及管子弯曲常见缺陷与排除方法。

【学习目标】

（1）学会管子弯曲变形受力分析；

（2）熟悉管子弯曲半径选取方法；

（3）掌握手工弯管和机械弯管的常用方法；

（4）熟悉管子弯曲常见缺陷与排除方法；

（5）提高学生认识、分析和解决问题的能力；

（6）养成工作中创新意识、质量意识、团队合作精神和工匠精神。

【任务描述】

图7－1所示为管子弯曲成形零件，按图样形状和尺寸，用弯曲成形方法制作合格零件。

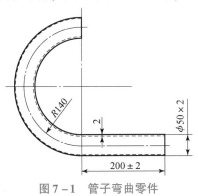

图7－1　管子弯曲零件

【任务引导】

引导问题1：什么是管子弯曲成形？飞机上常见的弯管零件有哪些？

引导问题2：蒙皮滚弯和拉形有什么区别？

引导问题2：管子弯曲的常见缺陷是什么？

【知识学习】

管子弯曲是通过手工或机械的方法，借助模具的作用，对金属管材进行弯曲，得到形状、尺寸和精度符合要求的工件的一种塑性成形方法。通常按照管坯直径和壁厚的不同，选择不同的加工工艺。一般小直径薄壁管选择冷弯，大直径或厚壁管选择加热弯曲。

弯管类
零件成形

知识点一　管子弯曲受力分析

管材弯曲与板材弯曲相比，虽然从变形性质等方面看起来相似，但由于管材内部为空心断面的形状特点，弯曲加工过程不但容易引起横截面形状发生变形，而且也会使管子壁厚发生变化。因此，在弯曲工艺方法选择，需要解决的加工难点，以及产品缺陷形式、预防措施和弯曲模具和设备等方面，两者之间存在很大差异。

在纯弯曲的情况下，对于外径为 D、壁厚为 S 的管子，当管子受外力作用而弯曲时（如图 7-2 所示），管子在弯曲力矩 M 的作用下，外侧 a 点材料由于受切向拉应力的作用而伸长，材料发生塑性变形减薄；内侧 b 点由于受切向压应力的作用而缩短，使管壁增厚。由于位于弯曲变形区最外侧和最内侧的材料所受的切向应力（拉或压）最大，故其管壁厚度变化也最大。因此，外侧管壁会过量减薄，内侧增厚，导致外侧产生裂纹，内侧出现失稳而起皱；在 a 点拉力 F_1 的合力 N_1 垂直作用于管子的外侧面，

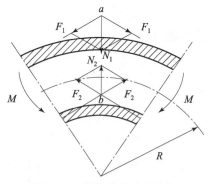

图 7-2　管子弯曲受力分析

在 b 点压力 F_2 的合力 N_2 垂直作用于管子内侧面，管子在 N_1 和 N_2 的作用下，弯曲变形区的圆管横截面在法向受压而产生畸变，即法向直径减小、切向直径增大，从而成为近视椭圆形。变形程度越大，则畸变现象越严重。另外，由于从拉应力过渡到压应力存在弹性

变形阶段，卸载时外层纤维因弹性恢复而缩短、内层纤维因弹性恢复而伸长，结果使工件弯曲的曲率半径和弯曲角发生显著变化，与模具形状和设计要求不一致，产生弯曲回弹现象，降低工件精度。

飞机上的弯曲导管，其相对厚度和弯曲半径都较小。这类导管弯曲的主要问题是管壁失稳起皱和圆截面的畸变等现象，需要在工艺上采取预防措施，以增加管壁抵抗失稳的能力，增加截面抵抗畸变的刚度。常见的方法是弯曲以前在管内加填充物（如黄砂、石英砂、松香和低熔点合金等），或在弯曲时用辅助装置支撑管子的内、外壁。一般而言，对于管径在 10~12 mm 以上的管子，无论采用何种材料，弯曲时最好都要填充。填充物的选用，应根据管子的相对厚度、弯曲半径大小、椭圆度与波纹度的容差范围、材料种类等因素来确定。

知识点二　管子弯曲最小弯曲半径

1. 最小弯曲半径

管子弯曲时，外侧管壁不出现裂纹和其他缺陷时的内圆角半径极限值，广义的称为管子的最小弯曲半径。由于管材的性质和受管子直径、壁厚等条件的限制，显然不能任意弯曲，而必须在一定的弯曲范围内进行加工，否则会造成管壁破裂、椭圆度过大、起皱等一系列现象，导致管子报废。因此，管子弯曲时必须控制最小弯曲半径。如图 7-3 所示。

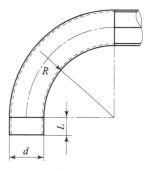

图 7-3　管子最小弯曲半径

2. 常见管材的最小弯曲半径

常见管材的最小弯曲半径见表 7-1。

表 7-1　常见管材的最小弯曲半径　　　　　　　　　　　　　　　　mm

管子	弯曲工序		管子外径 d	最小弯曲半径		
钢管	热弯		任意值	3d		
	冷弯	焊接钢管	任意值	6d		
		无缝钢管	5~20（含20）	壁厚≤2	4d	壁厚>2
						3d
			>20~35（含35）		5d	3d
			>35~60（含60）			4d
			>60~140（含140）			5d
钢管	冷弯		≤18	2d		
铝管			>18	3d		

知识点三　常用管子弯曲方法

1. 手工弯管

1）手工弯曲小直径管子

对于一些小直径的管子，可以利用简单的弯曲模具，采用手工弯曲的方法进行。手工弯管装置如图7-4所示，主要由工作台1、管子2、定模3、杠杆4和滚轮5组成。定模固定在工作台上，它具有与管子外径相适应的半圆形凹槽。弯曲前，先将管子2一端置于定模凹槽中，并用压板固紧。然后扳动杠杆，则固定在杠杆上的滚轮（也具有与管子外径相适应的半圆形凹槽）便压紧管子，迫使管子绕定模弯曲变形。当达到管件所要求的弯曲角度时即停止弯曲，从而完成绕弯过程。管件的弯曲半径不同，定模的直径则做相应改变。

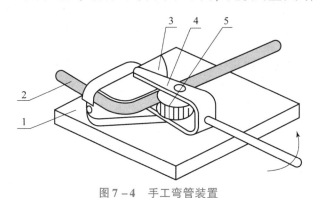

图7-4　手工弯管装置

1—工作台；2—管子；3—定模；4—杠杆；5—滚轮

2）手工装砂热弯

对于直径较大的管子，手工弯曲时所需力矩过大，必须在折弯处局部加热。加热弯管时，其主要工序有灌砂、划线、加热和弯曲。

（1）灌砂。

为防止管件截面发生畸变，通常需在管坯内装入填充物。对于直径较大的管子，一般使用砂子。灌砂前用锥形木塞将管子的一端塞住，并在木塞上开有出气孔，以使管内空气受热膨胀时自由泄出，灌砂后管子的另一端也用木塞堵住。管径较小时也可将管端压扁封口，弯曲后必须经过切割端头和清洗等工序。装砂时，管子两端应留出20～30 mm的余量。装入管中的砂子应该清洁干燥，使用前必须经过水冲洗、干燥和过筛。因为砂子中含有杂质和水分，加热时杂质的分解物将沾污管壁，同时水分变成气体时体积膨胀，使压力增大，甚至将端头木塞顶出。砂子的颗粒度一般在2 mm以下。若砂子颗粒度过大，就不容易填充紧密，管子弯曲时易使断面畸变；若砂子颗粒度过小，填充过于紧密，则弯曲时不易变形，甚至使管件破裂。

（2）划线。

划线的目的是确定管子加热的长度及位置。加热区域的范围与弯曲角度、弯曲半径的大小有关。首先按图样尺寸定出弯曲部分中点位置，并由此向管子两边量出弯曲的长度，然后再加上管子的直径，这样便确定了管子的加热长度。生产实践表明，按该方法确定的加热长度较为合理。

（3）加热。

管子经灌砂、划线后，便可进行加热。加热可用木炭、焦炭、煤气等作燃料或用喷灯、氧乙炔焰加热。普通的煤因含有大量的硫，会渗入钢中，造成管子质量下降，所以不宜作燃料。加热时，应尽量减少加热的持续时间，避免出现过烧现象，钢管的加热温度通常为600~800 ℃，即钢管呈现樱红色时即可弯曲。加热铝合金管子时，可在弯曲处外缘涂以皂液，当皂液受热变成深褐色时，说明温度已达到350~450 ℃，即可进行弯曲。管子的弯曲应尽可能在加热后一次完成，若增加加热次数，不仅会使钢管质量变坏，而且会增加氧化层的厚度，导致管壁减薄。

（4）弯曲。

当管子的直径较小时，可采用半圆形凹槽模具，用杠杆进行弯曲；当管子的直径比较大时，需要将管子放在工作台上，利用电动绞车等进行弯管。管子热弯时，在弯曲部位易产生椭圆度和内侧管壁起皱，这主要与装砂紧密度有关。

2. 机械弯管

机械弯管是利用弯管机和弯管模具进行弯管，可以对管材进行各种形式的弯曲加工。

1）绕弯

在弯管机上进行管坯绕弯的工作原理图如图7-5所示。弯管模胎4固定在机床主轴上，由电动机经过蜗轮蜗杆传动，做顺时针方向旋转。管子6由夹持块3夹紧在弯管模上，在管子和弯管模胎相切的切点附近装有压块1，内侧垫有防皱块5，管子内部塞有芯棒2，当弯管机带动模胎转动时，管子即绕弯管模胎逐渐弯曲成形。

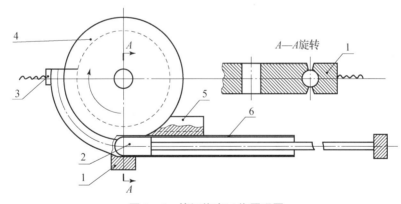

图7-5　管坯绕弯工作原理图

1—压块；2—芯棒；3—夹持块；4—弯管模胎；5—防皱块；6—管子

有芯弯管的工装主要包括芯棒、防皱块和模胎。

（a）芯棒。芯棒的作用是从管材内部支撑管壁，预防管材截面畸变和管壁起皱。常用的芯棒有以下几种形式：圆柱芯棒、单侧型面芯棒、单球式芯棒和多球式芯棒等，如图7-6所示。

（b）防皱块。靠近切点又未进入弯曲变形区的管材，其外表面没有得到弯管模胎型槽的支撑，弯管时仍可能在这里起皱，因此应加装防皱块，如图7-7所示。防皱块的前端呈圆弧刃口形，插在弯管模胎和管子之间，前端应紧靠管壁和弯管模胎相切处，有效地填补了弯管模胎和管子内侧之间的空隙，起着从外面支撑管壁、防止起皱的作用。

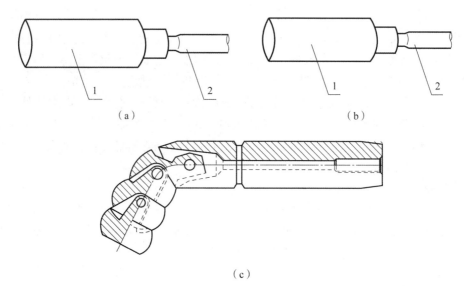

图 7-6　各种芯棒型式

（a）圆柱芯棒；（b）单侧型面芯棒；（c）铰接式球状芯棒

1—圆柱芯棒；2—拉杆

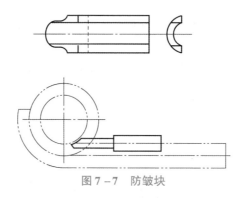

图 7-7　防皱块

（c）弯曲模胎。弯曲模胎是弯管工艺的一个关键零件，其半径取决于管子的弯曲半径。由于弯曲时管子会产生一定的回弹，因此弯曲模胎的设计制造半径应略小于弯管半径。

（2）滚弯。整圆或螺旋圆形的弯管在滚弯机上滚弯比其他弯管法更为方便，可使用三轴滚弯机（见图 7-8）或多轴滚弯机。管子弯曲时管内要有填充物，以防止圆管截面发生畸变。

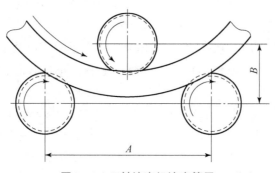

图 7-8　三轴滚弯机滚弯管子

（3）冲模压弯。此法生产率高，模具调节简单。对外径为 10 mm 以上的薄壁管在弯曲前要填充填物，防止管壁起皱和管截面畸变。此法也有些缺点，如管子与凸凹模开始接触处，剖面会有一些畸变，在模具上减小回弹比较困难。V 形管件冲模压弯如图 7 – 9 所示。

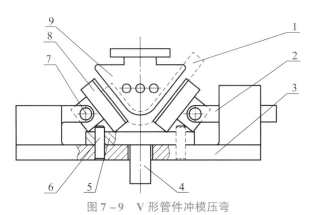

图 7 – 9　V 形管件冲模压弯

1—管子；2—支杆；3—底座；4—顶杆；5—托板；6—销钉；7—活动销；8—凹模；9—凸模

（4）拉弯。在管子内充液压或填充料的情况下，对管子进行拉弯，使管子内、外侧壁均处于受拉应力状态，卸载后回弹量极小，又不会起皱，提高了弯管的准确度。

（5）热弯管。铝及铝合金、碳钢及合金钢等管子除了可采用上述冷弯方法之外，还可采用热弯成形，以获得比冷弯更小的相对弯曲半径。热弯所需的弯曲力、弯曲半径和弯曲角的回弹量也大为减小。图 7 – 10 所示为用高频电流加热弯管。管子由滚轮 1 向前推进，感应线圈 2 发生的高频电磁场作用使管子加热，温度可达 800 ~ 1 200 ℃。管子的弯曲是由滚轮 3 完成的，位于弯曲后方区域的管子由装在感应圈上的环形装置喷水冷却到 300 ℃，使管子获得足够的刚性。

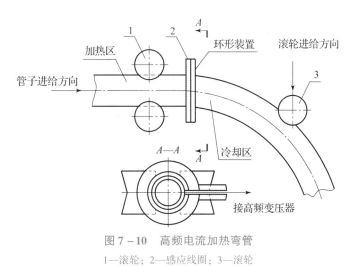

图 7 – 10　高频电流加热弯管

1—滚轮；2—感应线圈；3—滚轮

知识点四　管子弯曲常见缺陷、原因分析与排除方法

弯管的常见缺陷、原因分析与排除方法见表 7 – 2。

表7－2　弯管常见缺陷、原因分析与排除方法

序号	故障内容	简图	原因分析	排除方法
1	"鹅头"（弯曲部位胀大，特别是弯曲终点外侧处会产生凸起，称鹅头，管壁变薄，相邻管壁塌陷）		（1）芯棒安装提前量过大。 （2）芯棒头部与弯曲角不符	（1）重新调整芯棒的提前量。 （2）更换芯棒
2	"鹅颈"（弯管终点外侧）		（1）压块压力过大。 （2）反变形弯管时，弯曲的终点处预变量无法抵消掉，小弯曲半径时问题更严重	（1）重新调整压块压力。 （2）选用带有内反变形曲线型面过渡到正圆弧的过渡区压块
3	"前皱纹"（前切点附近内侧严重皱纹）		芯棒安装提前量过小，前切点处管壁得不到芯棒支撑	重新调整芯棒的提前量
4	"后皱纹"（后切点附近内侧严重皱纹）		（1）无防皱块。 （2）防皱块安装不当	（1）安装防皱块。 （2）重新调整防皱块
5	"全皱纹"（弯曲段内侧）		（1）芯棒与管壁之间间隙过大。 （2）压块压力过小。 （3）压块尺寸不当	（1）更换芯棒，使总间隙在0.1～0.3 mm，或调整芯棒提前量。 （2）重新调整压块压力。 （3）检查压块尺寸，返修
6	"波纹"（弯曲段外侧）		（1）芯棒尺寸过小。 （2）芯棒安装不当。 （3）润滑不良及机床振动	（1）更换芯棒。 （2）重新装调芯棒。 （3）加强弯管润滑，排除机床抖动
7	"裂口"（弯曲段外侧）		（1）压块施加的力过大。 （2）芯棒与管壁之间的间隙过小，摩擦力太大。 （3）芯棒提前量过大。 （4）润滑不良。 （5）管材热处理不当	（1）重新调整压块压力。 （2）更换芯棒，使总间隙在0.1～0.3 mm。 （3）加强润滑。 （4）重新调整芯棒提前量。 （5）检查管材热处理状态、晶粒度，否则重新进行热处理

序号	故障内容	简图	原因分析	排除方法
8	"下陷"（弯曲段内侧起点处）		反变形弯管时，弯曲的起点处预变形量无法抵消掉，小弯曲半径时问题更严重	无法排除
9	"椭圆度"（弯曲段）	A A $A—A$	（1）芯棒提前量过小，管壁得不到良好支撑。 （2）芯棒与管壁之间的间隙过大。 （3）夹紧块施加的力太小，弯曲时有滑动。 （4）芯棒磨损。 （5）弧形芯棒安装方向偏移。 （6）弯管模与压块型面错位	（1）重新调整芯棒提前量。 （2）更换芯棒，使总间隙在 0.1~0.3 mm。 （3）重新调整夹紧力。 （4）重新调整弧形芯棒安装方向。 （5）调整弯管模与压块在同一水平面上

【任务实施】

管子弯曲任务实施过程见表 7-3。

表 7-3　管子弯曲任务实施过程

序号	实施项目	操作步骤	实施要点	备注
1		毛料准备： （1）材料牌号：2A12（LY12）； （2）规格：管材 $\phi50$ mm×3 mm； （3）数量：1 件		
2	准备工作	工艺装备： （1）划线平板； （2）划规； （3）钢板尺； （4）样板； （5）钳工台案； （6）锉刀； （7）切割机； （10）弯管模胎； （11）弯管机； （12）细纱布		

序号	实施项目	操作步骤	实施要点	备注
3	任务实施	读懂零件图样，明确工作任务，领取符合材料牌号、规格的型材		
4		根据图样计算展开毛料尺寸，切割机下料		
5		去除毛刺，修光毛料边缘		
6		检查弯管机处于完好状态，调整弯管机和弯管模胎处于工作状态		
7		夹持固定管材左端，找正管材位置并与弯管模胎相切，固定好压块、防皱块，放置好芯棒。按照弯管机操作规程进行管子弯曲成形		
8		弯管结束，取出工件，修平管子端面		
9		按图样要求全面检查工件形状、尺寸，符合质量要求		
10		在工件表面指定位置做好班级、学号、姓名标记，上交工件		
11	任务结束	清理、保养设备，清扫工作场地		
12		清点工具和量具，并摆放整齐		
13		保持工作场地整洁、卫生，做到安全文明生产		

【任务评价】

根据表 7 - 4 评分标准，对任务完成情况进行评分和总结。

表 7 - 4　管子弯曲任务评价标准

序号	评价项目	评价内容	配分	评分标准		学生互评（40%）	教师评价（60%）	备注
				合格	超差			
1	专业能力	200 mm ± 2 mm	30	30	25			
2		$R140$ mm	30	30	25			
3		表面光滑，无裂纹、划伤、夹痕，无明显压扁	20	发现一处缺陷扣除 2 分				
4	职业素养	解决问题的能力	10	酌情得分				
5		团队合作精神、安全文明生产、质量意识	10	违反规定酌情扣除 2~3 分				

【思考与练习】

(1) 简述管件绕弯成形的基本原理。

(2) 芯棒的作用是什么？有哪几种类型？

(3) 手工装砂热弯主要有哪些工序？

拓展阅读

季文美，著名力学家，航空教育家，西北工业大学原校长

1912年1月5日出生于浙江省义乌县农村（今义乌市北苑街道季宅村），幼年入村塾，1925年入金华中学，1928年毕业后入浙江大学附属高工电机科，一年后转入上海南洋中学。青年时代，受科学与民主思潮的影响，怀着读书救国的愿望，倾心于孙中山民主革命的建国宏图，认为国家要富强，必须振兴实业、倡导科学。1930年考入国立交通大学电机工程系，毕业后考取公费留学，赴意大利都灵大学攻读航空工程专业，1936年获博士学位。1937年回国，先后在江西南昌飞机制造厂、四川南川飞机制造厂任工程师、支配课长、厂长佐理等职务。为抗日战争急需，他积极投身于仿制伊16驱逐机，1939年试制出第一架样机，并通过静力试验和试飞。当时工厂长期停工待料，他不愿虚度时日，毅然应内迁重庆的交通大学之聘，于1942年去重庆任教，1944年任航空系主任。抗日战争胜利后，他随学校回到上海，1946年兼总务长。由于目睹当时政治腐败、民生凋敝，开始由爱国向民主进步的思想转变，和其他教授一起，积极支持学生民主运动。

1949年5月上海解放，他感到长期憧憬的理想终于有机会实现了，于是以满腔热情专心致力于中华人民共和国的航空教育事业。1952年，交通大学、浙江大学和南京中央大学三校的航空系，在南京合并成立华东航空学院，他由上海去南京任该院教授，先后兼任基础课教研室主任和副教务长。1956年华东航空学院迁校西安，改名西安航空学院。一年后，又与其他院校合并成为西北工业大学。他先后任西安航空学院副院长和西北工业大学教务长等职。1960年，他任学校基本理论研究委员会主任，组织30多名骨干教师开展基本理论研究，围绕振动、轨道、板壳、材料、高温结构强度、空气动力、精密工艺等十多个学科领域，汇集分析最新的科技信息，为以后大面积开展科学研究准备条件。1962年参加制定我国十二年科学发展规划，他草拟了非线性振动学科的发展规划。1979年起，他先后任西北工业大学副校长、代校长、校长、名誉校长等职。1983年加入中国共产党，并当选为第六届全国人大代表。

季文美治学严谨。他每次编写教材，都要结合自己历年教学心得，查阅大量国内外有关资料，博采众长，将先进理论和科学成就融入自己的教材体系，并对一些定义和难点的阐述反复推敲，字斟句酌。因此，他编写的教材熔铸了他深厚的学术造诣和丰富的教学经验，内容充实，逻辑严整，文辞洗练，体现了很高的学术和教学水平。他在 1950 年前后编译的《应用力学》和《材料力学》，曾被高等院校广泛采用，直到 19 世纪 80 年代仍在我国的香港地区继续出版，并在美国、日本等地发行。除编写教材之外，他还与他人共同译校了《科学技术百科全书：力学卷》（1982），编写了《机械振动》（1985），翻译了《振动冲击手册》（1986）等书。

任务八

框肋类零件成形

【任务导言】

飞机框肋类钣金零件常用作翼肋、机身隔框或其他骨架零件，数量较大。其常用的生产方法主要有橡皮液压成形、闸压成形、落压成形、拉深成形等，应用这些加工方法可制造出形状复杂的框肋类钣金零件，并且能够更好地解决零件强度、刚度、尺寸和精度之间的矛盾。在框肋类钣金零件的实际生产中，其加工过程是使毛坯在设备和模具的作用下产生塑性变形，从而获得一定形状、尺寸和性能的零件。其采用何种成形方法主要依据钣金零件的几何形状、结构特点、材料牌号，以及材料"收、放"部位等因素确定。平面带弯边、变斜角、外缘变曲率及多减轻孔和加强埂结构零件多采用橡皮液压成形方法；整流罩、波纹板和复杂蒙皮结构零件多采用落压成形方法；具有各种平直截面的金属板箱、肋板、盒壳、U形梁结构零件通常采用闸压成形方法。

【任务内容】

子任务 8.1 橡皮成形　分析橡皮成形原理、橡皮成形设备与模具、橡皮成形操作方法。

子任务 8.2 闸压成形　分析闸压成形原理、成形设备与模具、闸压成形操作方法。

子任务 8.3 落压成形　分析落压成形原理、落压成形设备与模具、落压成形操作方法。

【学习目标】

（1）熟悉橡皮成形原理和设备。

（2）掌握橡皮成形工艺操作方法。

（3）熟悉闸压成形原理和设备。

（4）掌握闸压成形工艺操作方法。

（5）熟悉落压成形原理和设备。

（6）掌握落压成形工艺操作方法。

（7）提高学生认识、分析和解决问题的能力。

（8）养成工作中创新意识、质量意识、团队合作精神和工匠精神。

子任务 8.1   橡皮成形

【任务描述】

图 8 - 1 所示为橡皮成形框类零件，按图样形状和尺寸，用橡皮成形方法制作合格零件。

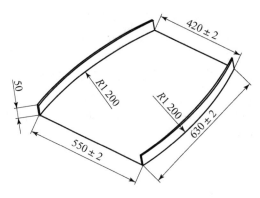

图 8 - 1   橡皮成形框类零件

【任务引导】

引导问题 1：什么是橡皮成形？飞机上哪些零件可以采用橡皮成形？

引导问题 2：常用的橡皮成形方法有哪些？

引导问题 3：橡皮成形常见缺陷和排除措施有哪些？

【知识学习】

在飞机的框肋结构钣金件制造过程中，往往会遇到两种特殊问题：一是框肋零件结构复杂，通常是平面带弯边、变斜角、外缘为变曲率的复杂形状零件，并且零件上一般分布有减轻孔和加强埂，还有为保证零件装配时飞机外形平滑而在弯边上压制的下陷结构等；二是框肋类钣金件的品种多、数量少，许多框肋钣金件在一架飞机上只用几件。对于上述特殊问题，在航空企业通常用橡皮成形法解决。典型橡皮成形零件如图 8 - 2 所示。

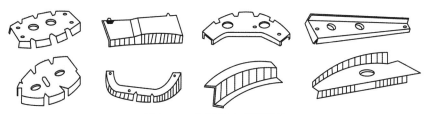

图 8 - 2　典型橡皮成形零件

知识点一　橡皮成形原理

橡皮成形

　　利用橡皮或充满液体的橡皮囊作为通用上模，在压力（液体压力）作用下将毛料包贴在刚性下模上成形的工艺方法，称为橡皮液压成形工艺，简称"橡皮成形"或"液压成形"。其工作原理如图 8 - 3 所示。

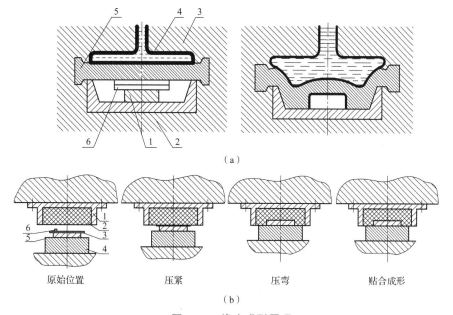

图 8 - 3　橡皮成形原理

（a）橡皮囊成形原理

1—压形模；2—工作台；3—机床框架；4—橡皮囊；5—橡皮外胎；6—毛料

（b）橡皮垫成形原理

1—容框；2—橡皮；3—毛料；4—垫板；5—压形模；6—销钉

知识点二　橡皮成形零件分类

（1）橡皮成形零件按零件结构及工艺特点分类，见表 8 - 1。

表 8 - 1　按零件结构及工艺特点分类

序号	零件截面	分类名称	备注
1		单面弯边零件	一次成形

序号	零件截面	分类名称	备注
2		同向双弯边零件	一次成形
3		反向双弯边零件	二次成形
4		带加强弯边的反向双弯边零件	二、三次成形
5		平面内翻边零件	一次成形
6		其他（如冲孔制加强窝等）	一次成形

（2）橡皮成形零件按零件变形特点分类，见表8-2。

表8-2　按零件变形特点分类

分类	分类名称		变形特点
1	直线弯边［见图8-4（a）］		弯边简单，成形时主要选定弯曲半径和回弹角，弯边高度取决于容框深度
2	曲线弯边	凹曲线弯边［见图8-4（b）］	弯边部分材料伸长变薄，易产生裂纹，最大弯边高度决定于材料的最大延伸率、材料种类、零件厚度、毛料边缘的光洁情况和冷作硬化的程度
		凸曲线弯边［见图8-4（c）］	弯边部分材料缩短变厚，易起皱，皱纹形成取决于材料的种类、厚度、弯边高度和平面上的曲率半径，以及橡皮单位压力和模具构造

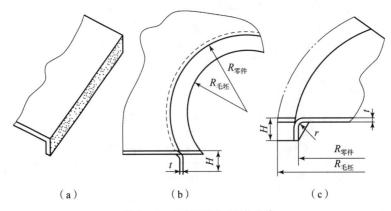

图8-4　按零件变形特点分类

（a）直线弯边零件；（b）凹曲线弯边零件；（c）凸曲线弯边零件

知识点三　橡皮成形方法

1. 单角板弯角材零件成形

零件特征：结构简单，多数零件平面无孔，如图 8 − 5 所示。

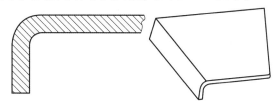

图 8 − 5　单角板弯角材零件

操作步骤：

第一步　领取展开料。

第二步　按展开样板划线钻销钉定位孔，去毛刺，擦净油污。

第三步　将毛料按弯边方向套在模具定位销钉上。

第四步　开动液压机压制成形。

第五步　淬火。

第六步　检查校正。

2. 同向双弯边零件成形

零件特征：平面无孔，零件结构简单；弯边带下陷，腹板上制有翻边孔、加强孔、减轻孔及加强筋，结构较为复杂。如图 8 − 6 所示。

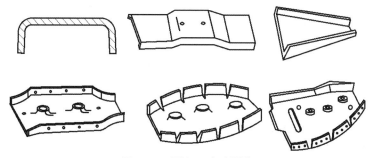

图 8 − 6　同向双弯边零件

操作步骤：

第一步　领取展开料。

第二步　对无法成形的结构孔应预先成形。

第三步　对深度大于 4 mm 的下陷结构，应预先手工敲打贴模。

第四步　装配孔在淬火校正后钻出。

第五步　按展开样板划线钻销钉定位孔，去毛刺，擦净油污。

第六步　将毛料按弯边方向套在模具定位销钉上。

第七步　开动液压机压制成形。

第八步　淬火。

第九步　检查校正。

3. 反向双弯边、带加强弯边的反向双弯边零件成形

零件特征：反向双弯边，无孔，零件结构简单；弯边带下陷、加强孔、加强筋，结构较为复杂。如图 8 – 7 所示。

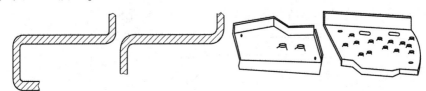

图 8 – 7　反向双弯边零件

操作步骤：

第一步　异向弯边需用两套模具分次成形。

第二步　领取展开料。

第三步　对无法成形的结构孔应预先成形。

第四步　对深度大于 4 mm 的下陷结构，应预先手工敲打贴模。

第五步　装配孔在淬火校正后钻出。

第六步　按展开样板划线钻销钉定位孔，去毛刺，擦净油污。

第七步　将毛料按弯边方向套在模具定位销钉上。

第八步　开动液压机压制成形。

第九步　淬火。

第十步　检查校正。

4. 带翻边孔、加强窝、加强槽零件成形

零件特征：弯边带下陷，腹板上制有翻边孔、加强窝、减轻孔及加强筋等，结构较为复杂。如图 8 – 8 所示。

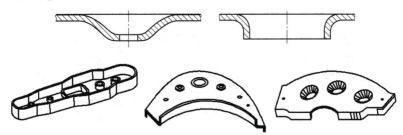

图 8 – 8　带翻边孔、加强窝、加强槽零件

操作步骤：

第一步　对难成形部位，在压制前预先手工局部成形，再用液压机压制成形；当弯边高度大于腹板面宽度时，在腹板上要加盖板，以防止材料向弯边外转移而使零件报废。

第二步　领取展开料。

第三步　对无法成形的结构孔应预先成形。

第四步　对深度大于 4 mm 的下陷结构，应预先手工敲打贴模。

第五步　装配孔在淬火校正后钻出。

第六步　按展开样板划线钻销钉定位孔，去毛刺，擦净油污。

第七步 将毛料按弯边方向套在模具定位销钉上。

第八步 开动液压机压制成形。

第九步 淬火。

第十步 检查校正。

5. 腹板零件橡皮成形与校形

图 8-9 所示为腹板零件。

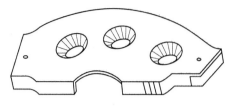
图 8-9 腹板零件

操作步骤：

第一步 领取展开料（加工外形，钻螺栓孔、工具孔、止裂孔）。

第二步 按展开样板划线制导孔，去毛刺，擦净油污。

第三步 检验。

第四步 淬火处理。

第五步 开动橡皮液压机压制成形（成形凸弯边及减轻孔，成形凹弯边）。

第六步 检查，校正成形。

第七步 检验。

第八步 表面阳极进行氧化处理。

7. 梁零件橡皮成形与校形

图 8-10 所示为梁零件。

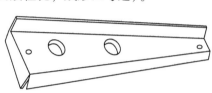
图 8-10 梁零件

操作步骤：

第一步 领取展开料（加工外形，钻螺栓孔、工具孔、止裂孔）。

第二步 按展开样板划线制导孔，去毛刺，擦净油污。

第三步 检验。

第四步 淬火处理。

第五步 开动橡皮液压机压制成形。

第六步 检查，校正成形。

第七步 检验。

第八步 表面阳极进行氧化处理。

知识点四　橡皮液压成形设备

1. 橡皮容框成形机（移动容框式）

如图 8-11 所示，在普通液压机的动横梁下吊装一个橡皮容框 5，横梁下行后，容框 5 与垫板 3 组成一个充满橡皮的空间。容框深度一般为 150～300 mm，为了保证橡皮的使用寿命，模具高度不宜超过容框深度的 1/3。橡皮种类对成形工作有很大的影响，要求橡皮具有一定的硬度、强度，且耐磨、耐油、便于加工，天然橡胶不能满足这些要求，而聚氨酯橡胶具有较好的性能，因而在橡皮成形中得到广泛应用。

在成形过程中，将模具放在工作台上，在模具和橡皮垫之间是所需要成形的金属板料，在液压载荷的作用下，工作台向橡皮垫运动并迫使金属板料向模具方向运动，由于工作台面与容框处于很好的配合状态，故发生变形的橡皮将使板料成形为模具形状。

移动容框式橡皮成形机通常有向上推进式和向下推进式两种。向上推进式橡皮容框成形机

需要一个基底凹坑,以便工作高度能达到适当位置,并能容纳底部的凸起。向下推进式橡皮容框成形机不需要特殊的基础,底部通常是平坦且有较大面积的区域,这使模具安放十分安全方便。在各式成形机的两侧配备有送料工作台,当传送较大尺寸板料时,一般由动力送料机构完成。

2. 橡皮囊液压成形机(固定容框式)

目前,橡皮囊液压成形机主要有两类:一类是框架式橡皮囊液压成形机;另一类为圆筒式橡皮囊液压成形机。

1)框架式橡皮囊液压成形机

随着框架零件厚度的增大和精度的提高,橡皮成形时,橡皮所能提供的单位压力也不断提高。目前我国航空工厂使用的框架式橡皮囊液压成形机结构如图 8-12 所示。

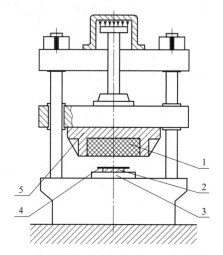

图 8-11　橡皮容框成形机(移动容框式)
1—橡皮容框;2—成形模;3—垫板;
4—毛料;5—容框

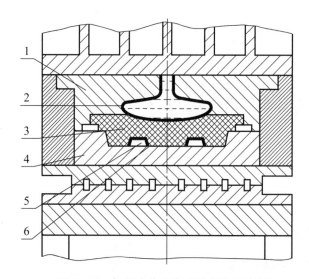

图 8-12　框架式橡皮囊液压成形机的结构
1—橡皮容框;2—内胎;3—外胎;4—工作台;5—压形模;6—成形零件

2)圆筒式橡皮囊液压成形机

框架式橡皮囊液压成形机与橡皮容框成形机相比,结构要紧凑得多,但它的设计尚不完善,受力方式不够合理,因此近年来通常采用圆筒式橡皮囊液压成形机,如图 8-13 所示。这种液压机为钢丝缠绕结构,其结构质量和功率消耗比同等吨位的框架式小得多。

图 8-13 所示为国产圆筒式橡皮囊液压成形机的横剖面典型结构。高压油经过进(出)油管进入芯板和橡皮内胎之间,油压使芯板上浮并使橡皮内胎、外胎的周边紧压容框的下底面,从而使高压油密封。同时高压油压迫橡皮内胎向下膨胀,充满工作台凹腔中所有的空间,将毛料紧紧地包贴在成形模上。

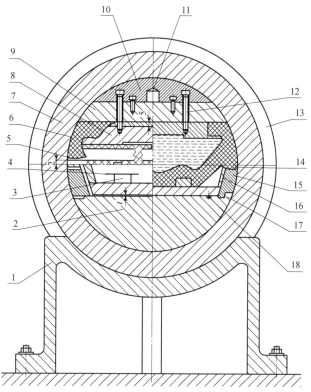

图 8 – 13　圆筒式橡皮囊液压成形机横剖面典型结构

1—底座；2—下垫块；3—成形模；4—毛料；5—橡皮外胎；6—橡皮内胎；7—压力筒；8—芯板；9—容框；

10—上垫块；11—进、出油管；12—悬挂螺栓；13—工作台；14—侧楔块；15—侧挡块；

16—环壁；17—侧垫条；18—工作台进出滚轮的导槽

知识点五　橡皮成形模具

1. 橡皮成形模毛料的定位

1）定位销

橡皮成形的毛料一般都采用展开料，以免除修边工序，故要求定位准确，至少要采用两个定位销。为减少定位销对橡皮的损害，应尽量采用大头活动销钉，如图 8 – 14（a）所示。如用固定销钉，则应采用如图 8 – 14（b）所示的橡皮帽（注意销钉头的形状及凸起高度）。

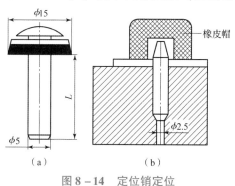

图 8 – 14　定位销定位

（a）大头活动销钉；（b）橡皮帽

2）盖板

盖板一般与定位销同时使用，如图 8 – 15 所示。

3）侧定位板

侧定位板用于无法采用定位销的零件，如图 8 – 16 所示。

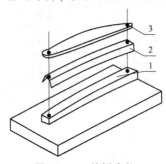

图 8 – 15　盖板定位

1—压型模；2—零件；3—盖板

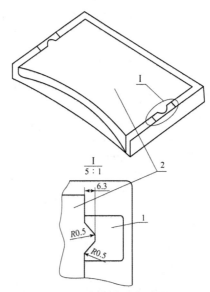

图 8 – 16　侧定位板定位

1—侧定位板；2—零件

2. 橡皮成形模具结构

（1）橡皮成形模的典型结构如图 8 – 17 所示。模具高度应比零件弯边高 10 ~ 15 mm，工作表面粗糙度 Ra 应达到 1.6 μm，与橡皮接触的非工作面应倒角或制成圆角，模具上的减轻孔、加强窝可采用镶嵌式结构。

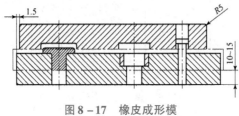

图 8 – 17　橡皮成形模

（2）成形闭斜角弯边零件，为取件方便，采用可卸式结构（见图8-18），模具上设计有可卸模块。另一种形式的模具结构如图8-19所示，零件一头大、一头小，零件成形后可从一头抽出，毛料定位销安装在盖板上，其带有斜块，斜块的作用是使橡皮能挤入模具内，以成形小弯边。

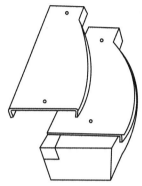

图8-18　可卸式模具结构

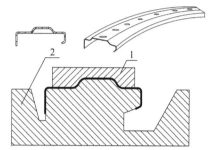

图8-19　带保护盖板、可抽出零件的成形模
1—保护盖板；2—带斜块的成形模

（3）对于尺寸大、断面小的成形模具，必须采取加强措施，如图8-20所示。

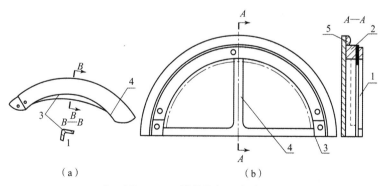

（a）　　　　　　　　（b）

图8-20　模具的加强方法
（a）局部加强；（b）加强肋条
1—盖板；2—成形块；3、4—加强条；5—防皱块

（4）具有反向弯边的零件，需要两套成形模分次压制，对有凸凹曲线弯边的零件，由于凹弯边比凸弯边贴模性能好，一般先压凹弯边（在飞机结构件中，一般凸弯边与蒙皮贴合，有理论外形要求，精度高，后压），在第二道工序压制时，需要对已成形的弯边

进行保护，如图 8-21（b）和图 8-21（c）所示。如图 8-22（a）所示的反向弯边零件，可按图 8-22（b）和图 8-22（c）所示分二次压制或按图 8-22（d）~图 8-22（f）所示分三次压制。

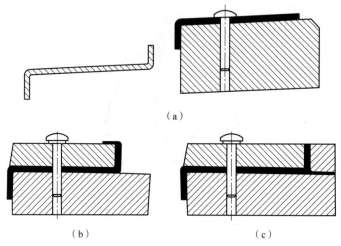

图 8-21　反向弯边分次成形模

（a）弯边；（b），（c）对已成形的弯边进行保护

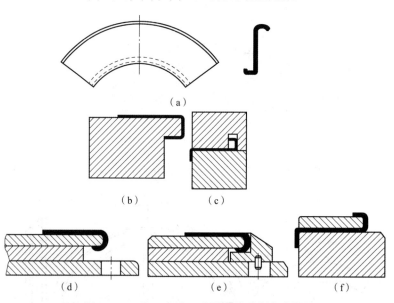

图 8-22　分二次或三次压制的反向弯边件

（a）反向弯边零件；（b），（c）分二次压制弯边；（d），（e），（f）分三次压制弯边

知识点六　橡皮成形常见缺陷、原因分析与排除方法

1. 凸曲线弯边橡皮成形极限和影响因素，以及消除皱褶的措施

1）成形极限

凸曲线弯边成形极限是指凸曲线弯边零件在一次弯边成形过程中，弯边部分不产生皱褶的最大变形程度，通常用极限弯边系数 $K_{\text{凸lim}}$ 来表示。

凸曲线弯边成形系数为

$$K_{凸} = \frac{H}{R_{零件} + H} \times 100\% \approx \frac{H}{R_{零件}} \times 100\%$$

式中 $K_{凸}$——凸曲线弯边成形系数；

 $R_{零件}$——零件平面内曲率半径。

H 和 $R_{零件}$、$R_{毛料}$ 等结构参数如图 8-23（b）所示。

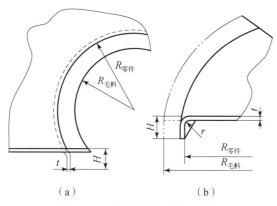

（a）   （b）

图 8-23 零件按变形特点分类

（a）凹曲线弯边零件；（b）凸曲线弯边零件

凸曲线弯边零件成形的条件为 $K_{凸} \leqslant K_{凸lim}$。如果弯边系数超出极限数值，原则上就应分次成形，并进行中间热处理。

材料厚度为 0.5~3 mm，$R_{零件}$ 在 1 000 mm 以下的凸曲线弯边零件极限弯边系数如表 8-3 所示。

表 8-3 凸曲线弯边零件极限弯边系数

材料	成形条件		极限弯边系数/%		材料	成形条件		极限弯边系数/%	
	单位压力/MPa	温度/℃	不要修整	要修整		单位压力/MPa	温度/℃	不要修整	要修整
2A12M（LY12M）	7.5~10	常温	3~4	10~20	MB8	7.5~10	300	4.5~5.5	10~20
	40	常温	3~10						
7A04M（LC4M）	7.5~10	300	3~4	10~20	TA2	7.5~10	300	1.0~1.5	
	40	常温	3~10		TA3	40	常温	0.5	4.5~14
注：在材料厚度较小或零件的凸曲线半径较大时，取较小的数值，反之取较大的数值									

2）影响因素

影响凸曲线极限弯边系数的因素有材料种类、性能、状态、厚度及成形的单位压力、成形温度、橡皮硬度等。

3）消除皱褶的措施

（1）当零件凸弯边曲度较大时，可在橡皮成形前对于大曲率部分进行手工预制成形。

（2）橡皮成形后手工修整消皱。

（3）提高橡皮硬度并相应提高单位成形压力。

（4）采用硬度和刚度都较大的辅助成形块提高局部压力，其中以塑料盖最为简便，如图8-24所示。压盖用6~12 mm厚的聚氯乙烯塑料板加热到120 ℃，放在套有零件的成形模上，用橡皮加压使塑料成形，冷却后修边便可使用。

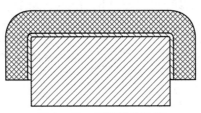

图8-24　塑料压盖消皱

（5）采用带防皱块的模具。图8-25所示为带防皱块的模具，图8-26所示为它的工作过程。毛料被橡皮压在防皱块上，在橡皮的压力下毛料沿防皱块的斜面下滑，防皱块和橡皮的压紧力起到一定的压边作用，故能有效地提高成形极限。

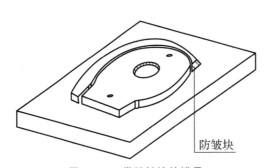

防皱块

图8-25　带防皱块的模具

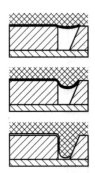

图8-26　防皱块模具工作过程

2. 凹曲线弯边橡皮成形极限和影响因素，以及防止撕裂的措施

1）成形极限

凹曲线弯边成形极限是指凹曲线弯边零件在弯边一次成形过程中，弯边部分不产生破裂的最大变形程度，通常用极限弯边系数 $K_{\text{凹lim}}$ 来表示。

凹曲线弯边成形系数为

$$K_{\text{凹}} = \frac{H}{R_{\text{零件}} - H} \times 100\%$$

式中　$K_{\text{凹}}$——凹曲线弯边成形系数；

　　　$R_{\text{零件}}$——零件平面内曲率半径。

H 和 $R_{\text{零件}}$、$R_{\text{毛料}}$ 等结构参数如图8-23（a）所示。

凹曲线弯边零件成形的条件为 $K_{\text{凹}} \leq K_{\text{凹lim}}$。如果弯边系数超出极限数值，原则上就应分次成形，并进行中间热处理。

材料厚度为 0.2~0.8 mm，$R_{\text{零件}}$ 在 1 000 mm 以下的凹曲线弯边零件极限弯边系数如表8-4所示。

表 8 – 4　凹曲线弯边零件极限弯边系数

材料	单位压力/MPa	极限弯边系数/%	附注
2A12M（LY12M） 7A04M（LC4M）	7.5 ~ 40	15 ~ 22	新淬火状态下成形
MB8	≥7.5	85 ~ 104	加热温度 300 ℃
TA2，TA3	30 ~ 40	40 ~ 50	加热温度 300 ℃
注：在材料厚度较小或零件的凹曲线半径较大时，取较小的数值，反之取较大的数值			

2）影响因素

影响凹曲线极限弯边系数的因素有材料种类、性能、状态、厚度及成形的单位压力、毛料边缘的表面粗糙度、加工硬化程度、弯边高度等。

3）防止撕裂的措施

防止凹曲线弯边成形撕裂的主要方法是多次成形，其可采用如图 8 – 27 所示有衬圈的模具，或如图 8 – 28 所示可储料的模具成形。

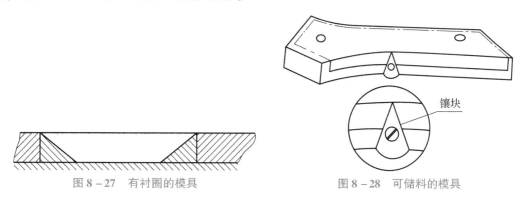

镶块

图 8 – 27　有衬圈的模具　　　　　　　图 8 – 28　可储料的模具

【任务实施】

橡皮成形任务实施过程如表 8 – 5 所示。

表 8 – 5　橡皮成形任务实施过程

序号	实施项目	操作步骤	实施要点	备注
1	准备工作	毛料准备： （1）材料牌号：2A12（LY12）； （2）规格：板坯 $\delta = 2.0$ mm； （3）数量：1 件		
2		工艺装备： （1）划线平板； （2）划规；		

续表

序号	实施项目	操作步骤	实施要点	备注
2	准备工作	（3）划针； （4）钢板尺； （5）直尺； （6）游标卡尺； （7）高度划线尺； （8）铅笔； （9）钳工台案； （10）锉刀； （11）弓形夹； （12）弯剪刀； （13）手动剪； （14）剪板机； （15）橡皮液压成形机； （16）橡皮压形模具； （17）手打模； （18）橡胶锤； （19）胶木冲； （20）细纱布		
3		读懂零件图样，明确工作任务，领取符合材料牌号、规格的板料		
4		根据图样计算展开毛料尺寸。划出毛料形状尺寸、定位销孔、零件底面轮廓线并做好标记。用剪板机下料，手动剪和弯剪刀修形		
5		去除毛刺，修光毛料边缘，钻销钉孔		
6	任务实施	橡皮液压成形操作： （1）将毛料按弯边方向用销钉固定在压模上。 （2）对无法成形的结构孔应预成形，深度大于 4 mm 的下陷应预先手工敲打贴模。 （3）压形模置于垫板上，容框内装入橡皮，开动液压机开始成形。 （4）随着容框下行，橡皮将毛料的悬空部分沿压形模压弯，形成弯边。橡皮压力越大，贴模性越好，回弹越小。 （5）手工修整零件		
7		按图样要求全面检查工件形状、尺寸，符合质量要求		
8		在工件表面指定位置做好班级、学号、姓名标记，上交工件		

序号	实施项目	操作步骤	实施要点	备注
9	任务结束	清理、保养设备，清扫工作场地		
10		清点工具和量具，并摆放整齐		
11		保持工作场地整洁、卫生，做到安全文明生产		

【任务评价】

根据表 8-6 所示评价标准，对任务完成情况进行评价和总结。

表 8-6　橡皮成形任务评价标准

序号	评价项目	评价内容	配分	评分标准		学生互评（40%）	教师评价（60%）	备注
				合格	超差			
1	专业能力	420 mm ± 2 mm	15	15	10			
2		550 mm ± 2 mm	15	15	10			
3		630 mm ± 2 mm	15	15	10			
4		$R1\ 200$	15	15	10			
5		表面光滑，无裂纹、划伤、夹痕	20	发现一处缺陷扣除 2 分				
6	职业素养	解决问题能力	10	酌情得分				
7		团队合作精神、安全文明生产、质量意识	10	违反规定酌情扣除 2~3 分				

【思考与练习】

（1）何谓橡皮成形？橡皮成形适用于制造哪些飞机零件？

（2）橡皮成形设备分为哪几类？工作原理是什么？

（3）制造橡皮成形模具用到哪些材料？如何应用？

（4）橡皮成形毛坯一般采用什么定位？

（5）何谓凸曲线弯边成形极限和凹曲线弯边成形极限？

任务八　框肋类零件成形

子任务 8.2　闸压成形

【任务描述】

图 8-29 所示为闸压成形零件，按图样形状和尺寸，用闸压成形方法制作合格零件。

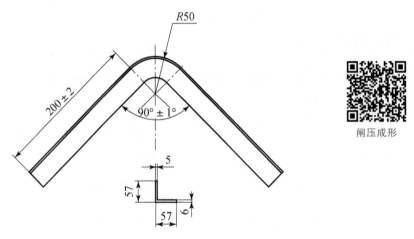

闸压成形

图 8-29　闸压成形零件

【任务引导】

引导问题 1：什么是闸压成形？常见的型材零件哪些可采用闸压成形方法生产？

引导问题 2：闸压成形模具如何选择？

【知识学习】

知识点一　折弯成形

折弯机主要用来弯曲简单的直线零件，按加工方法来分，折弯机有普通折弯机和数控折弯机两种。

1. 普通折弯机

普通折弯机按传动方式分为机动折弯机和手动折弯机两种。手动折弯机如图 8-30 所示。

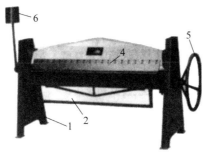

图 8 – 30　手动折弯机

1—支柱；2—折板；3—下台面；4—上台面；5—手动传动机构；6—平衡配重

折弯机的工作部分是固定在台面和折板上的镶条，其安装情况如图 8 – 31 所示。上台面和折板的镶条一般是成套的，具有不同的角度和弯曲半径，可根据需要选用。

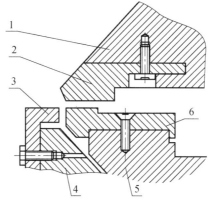

图 8 – 31　折弯机上镶条的安装情况

1—上台面；2—上台面镶条；3—折板镶条；4—折板；5—下台面；6—下台面镶条

折弯机的操作过程如下：

（1）升起上台面，将选好的镶条装在台面和折板上，如果所折弯零件的弯曲半径比现有镶条稍大，则可加特种垫板，如图 8 – 32 所示，在工作时垫板要垫在毛料的下边。

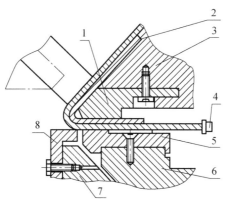

图 8 – 32　镶条的使用情况

1—上台面镶条；2—特种垫板；3—上台面；4—挡板；5—下台面镶条；6—下台面；7—折板；8—折板镶条

（2）下降上台面，翻转折板至90°角，调整折板与台面间的间隙，以适应材料厚度和弯曲半径。为避免弯折时擦伤毛料，间隙应稍大些。

（3）退回折板，升起台面，放入的毛料靠紧后挡板。若弯折较窄的零件或不用挡板，则毛料的弯折线应对准台面镶条的外缘线。

（4）下降上台面，压住毛料。

（5）翻转折板，弯折至要求角度。为得到尺寸准确的零件，应注意回弹，并很好地控制弯折角度。

（6）退回折板，升起上台面，取下零件。

2. 数控折弯机

使用数控折弯机可比普通折弯机节约20%~70%的加工成本，经济效益较为显著。比较先进的数控系统一般都具有以下功能：彩色图形显示，并能预先显示每一折弯工序的折弯过程；自动绘制折弯零件的毛料展开图；确定最优折弯顺序；选择模具；判断折弯过程中零件与模具是否发生干涉，自动编程。

数控折弯机如图8-33所示，其安全操作规程如下：

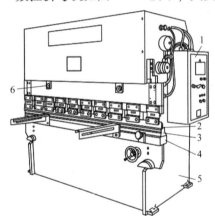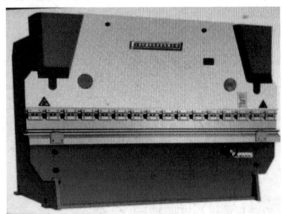

图8-33　液压板料折弯机

1—电气系统；2—上模；3—下模；4—下横梁；5—机身；6—滑块

（1）启动前认真检查电机、开关、线路是否正常，检查设备各操纵机构、按钮是否处于正确位置。

（2）检查上、下模重合度和紧固性，检查各定位装置是否符合要求。

（3）设备启动后空运转1~2 min，上滑板满行程运行2~3次，正常后方可工作。

（4）工作时，操作人员与送料人员密切配合，确保加工过程安全无误。

（6）板料折弯时，尽量置于模具中部，且必须压实，以防折弯过程翘起伤人。

（7）机床工作时，机床后部严禁站人。

（8）工作时发现工件或模具位置发生偏移，应停车校正，严禁运转中用手校正。

（9）严禁超载运行，发生异常应立即停车，检查并分析原因，及时排故。

（10）关机前，在两侧油缸下方的下模上放置木块，将上滑板下落到木块上。

（11）先退出控制系统，后切断电源。

（12）定期检查上、下模重合度，检查压力表指示是否符合规定。

知识点二　闸压成形

飞机框肋上的缘条和长桁都是用型材弯曲而成的。一般采用挤压型材，当缺乏适合的挤压型材或在轻型结构中，也可用板弯型材。型材的显著特点是窄而长，断面形状有 V 形、U 形和 Z 形等，除 V 形断面外，都包含两个或更多弯角。板弯型材须经多次压弯才能制成，因毛料很长，普通冲床不能适应压弯成形需要，而必须使用专用的闸压机床，因而闸压机床主要用来将金属条料或板料弯曲成各种型材，其最适合加工窄而长的直线零件。闸压机床可弯成的各种零件断面如图 8 – 34 所示。

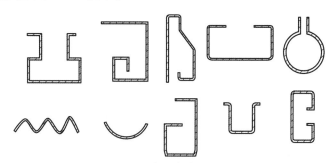

图 8 – 34　闸压机床可弯成的各种零件断面

1. 闸压成形原理

闸压成形属于自由弯曲，将板料放在开有 V 形槽的凹模上，由 V 形凸模压向毛料，如图 8 – 35 所示，随着凸模下降，毛料弯成一定的角度，并形成一定的弯曲半径。弯角大小决定于凸模进入凹模的深度，准确地调节凸模的行程，便可弯出不同的弯角。自由弯曲的回弹很大，闸压弯曲时可通过"过弯"来加以修正，即先将角度弯小一些，卸载后经过回弹，以获得所需弯角。其"过弯"量须经过试压确定。

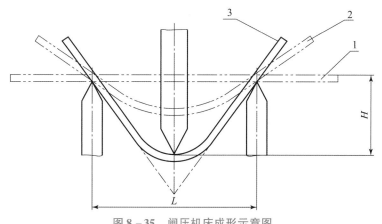

图 8 – 35　闸压机床成形示意图
1—弯曲前；2—弯曲后；3—卸载后

2. 闸压成形方法

采用通用弯曲模具弯制多角的复杂零件时，根据弯角的数目、弯曲半径和零件的形状，须多次调整挡板和更换上模及下模。弯制时先后的次序很重要，其原则是由外向内依次弯曲成形。

　　例如弯曲如图 8 - 36（a）所示零件，由于弯曲半径相同而各部分尺寸不相等，因此弯曲时须多次调整挡板位置，下模可用同一槽口，在前几次弯曲时可采用直臂式上模［见图 8 - 36（b）］，最后一次采用曲臂式上模［见图 8 - 36（c）］。

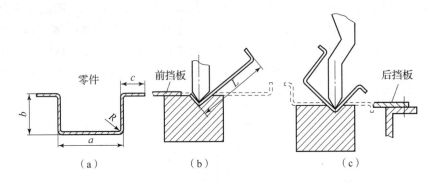

图 8 - 36　槽形零件弯曲工序

（a）零件图；（b）第一、二道工序；（c）最后一道工序

　　例如弯曲如图 8 - 37 所示的复杂零件，由于各边尺寸不等，弯曲半径也不相同，因此当弯制该零件时，第一道工序可按零件的弯曲半径 R_1 和尺寸确定上、下模，并调整挡板。当进行第二道工序时，由于 R_2 与 R_1 不同，且直边 d 与 a 不同，因此必须更换上模和重新调整挡板。同样在第三、四道工序时也应更换上模和重新按尺寸调整挡板。第四道工序使用曲臂式上模。

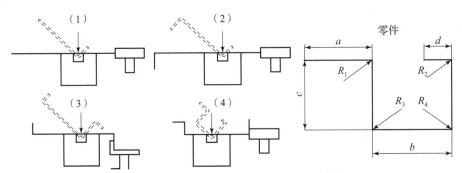

图 8 - 37　复杂形状零件弯曲工序

3. 闸压成形机床与模具

　　闸压成形机床的种类很多，但主要有两大类，即机械双曲轴式和液压式。闸压成形机床如图 8 - 38 所示，工作台一般由整块钢板制成埋入地下，以保证在最大工作压力下变形量小。

　　当主轴转动时，拖板上、下运动，在拖板的下端固定有上模座，上模座上钻有若干孔眼，用以安装上模。上模的上、下位置可用螺杆加以调整，螺杆用一个小电动机带动，同时装有自动断电开关，使上模的上、下运动不致超过所允许的限度。闸压机床有一个很坚固的床身，台面上有安装下模的凹槽。闸压成形机床由脚踏板开动，动力部分是电动机，在电动机与主轴之间装有离合器，每踏一次踏板，上模上、下运动一次。为便于工作时毛料的定位，在工作台后边装有挡料机构，其结构如图 8 - 39 所示，根据需要，滑块 2 沿支架 5 可前后移动，挡料板 1 可微调。

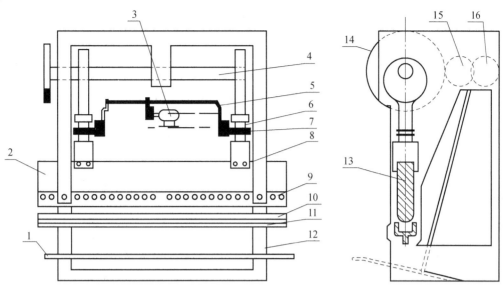

图 8 – 38　闸压成形机床传动原理图

1—离合器操纵踏板；2—拖板；3—自动长度调整电动机；4—主轴；5—偏心轴；6—丝杠；7—冲压长度；
8—调整齿轮；9—上模；10—下模；11—模座；12—床身；13—冲柱；14—齿轮；15—离合器；16—电动机

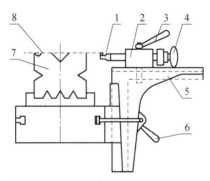

图 8 – 39　闸压成形机床的挡料机构

1—挡料板；2—滑块；3、6—固紧手柄；4—微调螺母；5—支架；7—下模；8—毛料

液压式闸压成形机床与一般闸压成形机床的不同点是液压传动代替了曲轴传动，由于液压系统能在整个行程中对板料施加全力，过载时自动保护，易于实现自动控制，因此液压式闸压成形机床是现代最常用的闸压机床。

闸压成形机床的操作过程如下：

（1）开车前检查各部分工作是否正常，发现问题及时处理，特别要仔细检查脚踏板（离合器）是否灵活可靠，如发现连续冲击绝不允许使用。

（2）将拖板下降至最低位置，调整拖板的最低点到工作台面的垂直距离即闭合高度，闭合高度比模具总高度高 30～50 mm。

（3）升起拖板，安装上模和下模。一般是先把下模放在工作台上，然后下降拖板再装上模。在安装上模时，要保持两端平行，从拖板固定槽的一端，一边活动一边往里推至拖板中间位置，使机床受力均衡，并用螺钉紧固，如图 8 – 40 所示。

（4）开动拖板的调整机构，使上模进入下模槽口，并移动下模，使上模的中心线对正

下模槽口的中心线，将下模固定，如图8－41所示。

（5）升起拖板，按弯曲尺寸调整挡料板，如图8－39所示。

（6）按要求调整弯曲角度。弯曲角度只需调整上模进入下模的深度，就很容易达到要求。

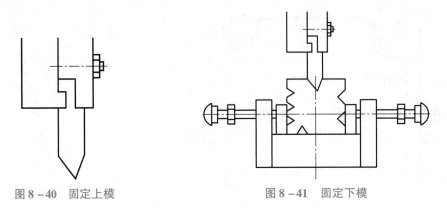

图8－40　固定上模　　　　　　　　图8－41　固定下模

闸压机床上用的弯曲模具可分为通用（见图8－42）和专用模具（见图8－43）两类，通常采用通用弯曲模。

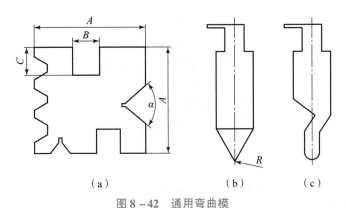

（a）　　　　　　　　（b）　　　　（c）

图8－42　通用弯曲模

（a）通用凹模；（b）直臂式凸模；（c）曲臂式凸模

图8－43　专用弯曲模

1—挡板；2—顶件橡皮；3—顶杆；4—胶木垫块

当采用通用弯曲模弯制多角的复杂零件时，根据弯角的数目、弯曲半径和零件的形状，须多次调整挡板和更换上模及下模。弯制时先后的次序很重要，其原则是由外向内依次弯曲成形。

闸压成形任务实施过程见表 8 – 7。

表 8 – 7　闸压成形任务实施过程

序号	实施项目	操作步骤	实施要点	备注
1	准备工作	毛料准备： (1) 材料牌号：2A12（LY12）； (2) 规格：型材 57 mm × 57 mm × 5 mm； (3) 数量：1 件		
2		工艺装备： (1) 划线平板； (2) 划针； (3) 钢板尺； (4) 游标卡尺； (5) 高度划线尺； (6) 铅笔； (7) 钳工台案； (8) 手动剪； (9) 锉刀； (10) 闸压成形机床； (11) 通用模； (12) 细纱布		
3	任务实施	读懂零件图样，明确工作任务，领取符合材料牌号、规格的型材		
4		根据图样计算毛料尺寸，划线并做好标记，用手动剪下料		
5		去除毛刺，修光毛料边缘		
6		检查闸压成形机床处于完好状态，固定好模具，调整好定位装置		
7		放入毛坯料，开动机床进行压弯成形		
8		根据零件形状尺寸和材料厚度，调整模具工作位置；试压成形，达到零件形状尺寸		
9		操作控制系统，滑板带动模具处于上始点位置，取出工件		
10		按图样要求全面检查工件形状、尺寸，符合质量要求		
11		在工件表面指定位置做好班级、学号、姓名标记，上交工件		

续表

序号	实施项目	操作步骤	实施要点	备注
12	任务结束	清理、保养设备，清扫工作场地		
13		清点工具和量具，并摆放整齐		
14		保持工作场地整洁、卫生，做到安全文明生产		

【任务评价】

根据表 8-8 所示评价标准，对任务完成情况进行评分和总结。

表 8-8　闸压成形任务评价标准

序号	评价项目	评价内容	配分	评分标准		学生互评（40%）	教师评价（60%）	备注
				合格	超差			
1	专业能力	200 mm ± 2 mm	20	20	15			
2		$R50$ mm	20	20	15			
3		90° ± 1°	20	20	15			
4		表面光滑，无裂纹、划伤、夹痕	20	发现一处缺陷扣除 2 分				
5	职业素养	解决问题能力	10	酌情得分				
6		团队合作精神、安全文明生产、质量意识	10	违反规定酌情扣除 2~3 分				

【思考与练习】

(1) 什么叫闸压成形？常用成形设备有哪些？

(2) 闸压成形模具包括哪两类？

子任务8.3　落压成形

【任务描述】

图 8-44 所示为落压成形零件，按图样形状和尺寸，用落压成形方法制作合格零件。

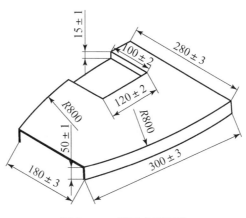

图 8 - 44　落压成形零件

【任务引导】

引导问题 1：什么是落压成形？飞机上哪些零件可以采用落压成形？

引导问题 2：常用的落压成形方法有哪些？

引导问题 3：落压成形常见缺陷和排除措施有哪些？

【知识学习】

　　飞机结构中金属板材制造的外形复杂、曲面急剧变化的钣金零件，一般都可以采用落压成形，再经过校形或修整，达到图纸要求，如各种舱门的蒙皮和口框、机尾罩、翼尖、整流包皮、半管、油箱底盖等。由于落压成形具有其他成形方法所没有的某些优点，因此，目前仍被国内外的航空工厂广泛采用。但由于它存在不少弊端，因而不适宜大批量生产。对于表面质量和外形准确度要求高的零件，尽量不用落压成形。

　　落压成形的零件按其形状分，有蒙皮（包括翼尖、机头罩、机尾罩、整流包皮、油箱外皮等）、板弯型材、盒形件及半管等类型。落压成形的典型零件如图 8 - 45 所示。

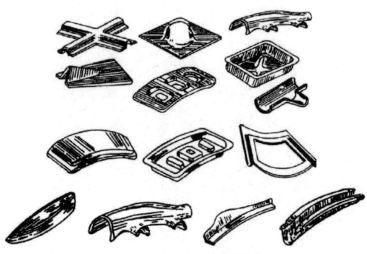

图 8-45　落压成形的典型零件

知识点一　落压成形原理

落压成形是利用落锤的冲击力将金属板料压制成所需曲面零件的一种钣金成形工艺方法。落压成形原理如图 8-46 所示，落压模的上模固定在落锤的锤头上，其下模放在锤砧的工作台上，毛料放在落压模的下模上。锤头带动固定在其上的上模 1 沿落锤立柱的导轨从一定的高度落下，捶击毛料 2，使毛料沿下模 3 的型面流动并产生塑性变形。上下反复几次，一直压到毛料符合模具形状为止，从而获得所需要的零件。

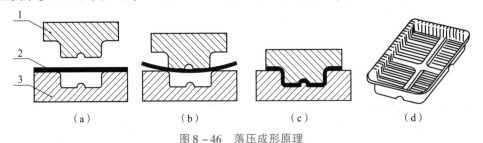

　　　(a)　　　　　　　　(b)　　　　　　　　(c)　　　　　　　　(d)

图 8-46　落压成形原理

(a) 放置毛料；(b) 初步捶击；(c) 最后成形；(d) 制好的零件

1—上模；2—毛料；3—下模

落压成形是一种综合性的成形方法。落压成形过程实质上就是收料和放料的过程，但收料过度易使毛料失稳而起皱，阻碍毛料的进一步变形。此时应及时消除皱纹（即进行平皱），使成形顺利进行。放料易使毛料产生不均匀的应力分布，轻者导致毛料局部变薄，重者产生开裂。所以在成形过程中，必须很好地掌握收料和放料、平皱及垫橡皮等方法，使落压成形顺利进行，完成零件的全部成形过程。

知识点二　落压成形过程

落压成形零件尽管其几何形状差异很大，但总体来说，表现为凸曲面和凹曲面两大类或者两者兼而有之，就其变形方式来说，不外乎以拉为主和以压为主或拉、压两种变形方式的组合。

以拉为主的变形方式——"放"。在这种变形方式下，板料的成形主要是依靠其纤维的伸长与厚度的减薄来实现，拉应力的成分越多、数值越大，板料纤维的伸长与厚度减薄越严重。

以压为主的变形方式——"收"。与上述相反，在这种变形方式下，板料的成形主要是依靠其纤维的缩短与厚度的增加来实现，压应力的成分越多、数值越大，板料纤维的压缩与厚度增加越严重。

1. 落压成形方式及其决定因素

1）落压成形的方式

（1）压缩成形。这种成形方式所用的落压模，其下模是凸模，工作面的形状与零件内形相符。

（2）拉伸成形。这种成形方式所用的落压模，其下模是凹模，工作面的形状与零件的外形相符。

（3）混合成形。这种成形方式所用的落压模，其下模凸、凹部分都有。

2）决定落压成形方法的主要因素

（1）采取哪一种变形方式有利。

（2）能否一次压成及过渡模的道数与形式。

（3）能否保证零件质量。

（4）模具制造难易程度及使用要求。

2. 落压成形方法

对于形状比较简单的零件，用成形模一次可以成形。有的零件落压后还要穿插手工修整工序，然后再进行落压到最终要求的形状。对于形状比较复杂的零件，则可采用垫层板、垫橡胶等方法成形；也有的零件必须采用过渡模成形，最后经过校形达到要求。

1）一次成形

形状比较简单的零件，如曲度不大的蒙皮、框板、板制型材、半管等，用成形模一道落压工序即可成形。

2）预制—落压成形

（1）收边—落压成形。有的零件，需先将平直的毛料在收缩机（或雅高机）上收边，收缩成拱曲形再落压成形，否则会因板料边缘收料剧烈而形成大量的皱纹，甚至产生死皱，如图 8-47 所示。

（2）放边—落压成形。对于口框类零件，中部有鼓包（鼓包中部材料需在最后切掉），在成形中，鼓包部分是拉伸，周围材料补充不进去，会导致此部分拉裂，故需在鼓包部位垫橡胶或在点击锤（或雅高机）上展放，然后进行落压，如图 8-48 所示。

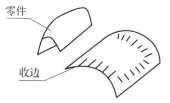

图 8-47　收边—落压成形

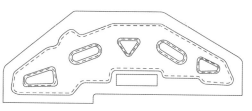

图 8-48　放边—落压成形

3) 垫橡皮成形

根据板料在落压成形过程中变形的具体情况，在毛料的上面或下面垫上不同形状与厚度的橡皮进行锤击，可以使成形顺利进行。因为橡皮具有弹性和可压缩性，特别是它的摩擦力大，在锤头和上模锤击力的作用下能贴紧板料，随着橡皮本身的变形而带着板料流动，从而起到排皱（见图 8 – 49）和储料的作用（见图 8 – 50），而且能改善板料的受力状态，以防止零件过分变薄或拉裂。此外，垫橡皮还能起到加大圆角等作用，如图 8 – 51所示。随着成形的进行，要逐步地取下橡皮或移动橡皮的位置，最后用上模校形，即完成落压成形工序。

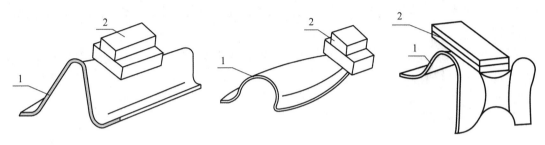

图 8 – 49　垫橡皮排皱

1—零件；2—橡皮

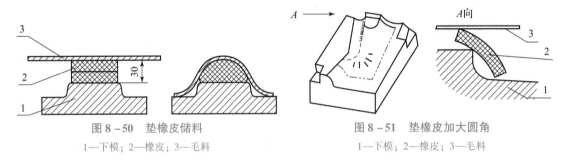

图 8 – 50　垫橡皮储料

1—下模；2—橡皮；3—毛料

图 8 – 51　垫橡皮加大圆角

1—下模；2—橡皮；3—毛料

4) 垫层板成形

对于具有封闭形状的深拉深件（如盒形件），通常采用垫层板的方法落压成形。不论下模是压缩式（凸模）还是拉伸式（凹模），均可采用此种形式，如图 8 – 52 所示。

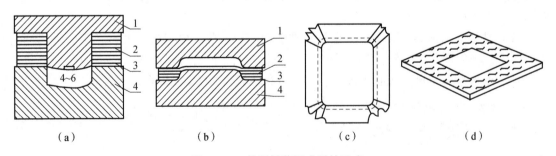

（a）　　　　　　　（b）　　　　　　　（c）　　　　　　　（d）

图 8 – 52　垫层板落压成形的形式

（a）拉伸式；（b）压缩式；（c）成形的零件；（d）单个层板

1—上模；2—层板；3—毛料；4—下模

垫层板（与毛料接触的那一层用3～4 mm厚的光滑钢板，其余各层用8～10 mm厚的木质航空层板制作）可以压紧毛料，限制上模每次锤击压进的深度，控制变形量，以便循序渐进地将毛料拉入下模型腔，使之少产生皱褶或避免拉裂。

5）拉深—落压成形

形状比较规则的箱体零件，可先将毛料通过拉深预成形（压边力不可过大，防止壁厚变薄），再落压成形，如图8－53所示。

6）滚弯—落压成形

曲度大的近似单曲度的零件，可先将毛料在滚弯机上滚出曲度，再落压成形，如图8－54所示。

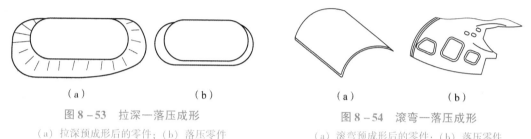

（a）   （b）   （a）   （b）

图8－53　拉深—落压成形　 图8－54　滚弯—落压成形

（a）拉深预成形后的零件；（b）落压零件　 （a）滚弯预成形后的零件；（b）落压零件

3. 落压成形要点

在落压成形过程中放料与收料的程度和部位要掌握好，即正确掌握与控制材料的流动，其原则是"开流"和"限流"。

"开流"，就是在需要材料收和放时，应设法减小材料流动的阻力，让其顺利流动。这就要求落压模的间隙及凸模圆角适当，做到合理润滑。

"限流"，就是在不需要材料流进的地方加大流动阻力，限制其流动。

达到以上要求的具体方法有以下几种：

（1）采用正确的毛料尺寸。

（2）采用合理的模具间隙。

（3）做到合理收料和放料，随时平皱。

（4）正确使用层板及垫橡皮。

知识点三　落压成形的设备和模具

1. 落压成形的设备

落压成形的主要设备是落压锤，辅助设备有点击锤、收缩机、雅高机、振动剪、辗光机等。

1）落压锤

（1）落压锤的规格和技术性能。落压锤是利用重物下落的冲击来提供成形能量的设备。在落压锤中，上述重物即为锤头加上模的重量。

目前各飞机制造工厂所使用的落压锤都是气动式，其吨位有0.8 t、1.5 t、2 t、3 t和5 t五种规格。落压锤的吨位是以在5 atm（1atm＝101.325 kPa）下，气缸所能提起落压模上模的最大质量来表示的。空气式落压锤的主要技术性能如表8－9所示。

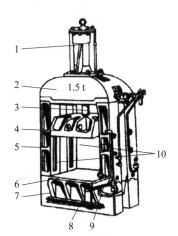

表 8 – 9　空气式落压锤的主要技术性能

型号	工作台尺寸 （长×宽） /mm×mm	锤头最大行程 /mm	5 atm		机床外廓尺寸 /mm	最大锤击速度 /(m·min⁻¹)	锤击次数 /(次·min⁻¹)
			吨位 /t	全程锤击力 /t			
0.8	900×700	850	0.8	320~480	1 800×1 800×4 200	4	30
1.5	1 200×900	1 050	1.5	600~900	2 200×1 450×4 735	4	30
2	1 200×1 200	1 100	2	800~1 200	2 200×1 140×5 135	5.5	25
3	1 700×1 700	1 200	3	1 200~1 800	2 750×2 160×5 730	5	2.3
5	3 100×1 800	1 500	5	2 000~2 500	4 450×3 000×7 500	5.5	1.6

（2）落压锤的构造。落压锤虽然有五种规格，但它们的构造却基本相同，其结构如图 8 – 55 所示。

①锤砧。锤砧是落压锤的基础，其上安装工作台和立柱。

②工作台。工作台是用螺栓固定在锤砧上的，落压模的下模放在工作台上。

③立柱。立柱是用 4 个装有弹簧的螺栓固紧在锤砧上。立柱上有导轨，以供锤头上、下滑行时导正。它上面还有锁紧卡板及其作动筒，以便将锤头悬停于工作台上方的一定高度处。

④横梁。横梁是用 8 个装有弹簧的螺栓固紧在立柱上的。这样，它把锤砧、立柱连接成整体。在横梁上面安装气缸，气缸的活塞杆通过横梁上的孔与锤头连接。

⑤活塞杆。活塞杆是一个极其重要的构件，它带动锤头进行锤击。

图 8 – 55　空气式落压锤
1—气缸；2—横梁；3—活塞杆；
4—锤头；5—立柱；6—工作台；
7—锤砧；8—脚踏板；
9—操纵手柄；10—导轨

⑥栓头。栓头是通过锤头上的孔用双头螺栓固定落压模的上模的。

除以上六大部分外，还有操纵机构、压缩空气分配机构、空气过滤器、消声器和润滑装置等。

（3）落压锤的工作原理。落压锤的操纵方法有手脚操纵和双手操纵两种。用双手操纵的落压锤，只有当操作人员的两只手同时操纵其两个手柄时才能启动，故工作比较安全。

2）辅助设备

（1）点击锤（或雅高机）。点击锤的功用是对板料或工序件进行局部放料和消皱。

（2）收缩机（或雅高机）。收缩机的功用是对板料或工序件周边进行收料，使材料拱曲而达到预先成形的目的。

（3）振动剪。振动剪的功用是切割多余毛料以便成形。该设备切割精度低，不能用于最后精切割。

（4）辗光机。辗光机的功用一是辗光零件表面；二是对曲面零件的某一区域进行局部放料，以使板料弯曲；三是根据加工零件的曲度不同，可更换不同形状的滚轮，以求改变加工曲度。

2. 落压模

1）落压模的种类

（1）按制造落压模的材料分有环氧塑料落压模、聚氨酯橡胶落压模和铅锌落压模三种。

①环氧塑料落压模。它是用环氧塑料塑造而成，一般用锌合金铸成基体，型面用环氧塑料塑造。这种模具的型面尺寸准确、协调精确度高。但因环氧塑料是脆性材料，用于中型面时易出现沙眼或气孔而损伤零件，甚至导致型面裂损，故不适合大批量生产使用。

②聚氨酯橡胶落压模。它也是用锌合金铸成基体，其型面用聚氨酯橡胶塑造而成。聚氨酯橡胶具有弹性，不易裂损。用这种模具压制零件不会损伤表面，贴模性好，适用于压制厚度较薄的蒙皮类零件。但因这种材料弹性大、硬度低，故有时会导致零件的皱纹压不平。

③铅锌落压模。它是全金属模具，由铸件毛坯经钳工加工而成。上模材料是铅合金，其密度大，较软，锤击零件的效果好，不易划伤零件。下模材料是锌合金，其强度、硬度都能满足成批生产的使用要求，寿命长，故使用比较广泛。

（2）落压模按用途分有成形模、过渡模和校形模三种。

①成形模。这种模具的型面与零件形状、尺寸完全一致，直接用来压制成形零件而不需要过渡模和校形模，适用于压制形状比较简单的零件。

②过渡模。模具型面制成与零件相似的过渡形，用来成形出零件的初形或过渡形，再用校形模压制成零件的最后形状。其精度要求不高，适用于形状复杂、用成形模不能直接成形的零件。

③校形模。它的型面与零件的最后形状完全一致，专门用来校正零件使其达到所要求的形状，因此它的精度要求很高。

2）落压模典型结构

落压模的典型结构如图 8 – 56 所示。落压模由上模和下模组成。起重耳环铸入上、下模内，用于起吊和搬运。带台阶的螺母的作用是将上模固紧于锤头上，其只铸入上模的上部。导向块（或导向槽）起上、下模的导向作用（有时为了防止上模变形）。上模与锤头的固定形式如图 8 – 57 所示。

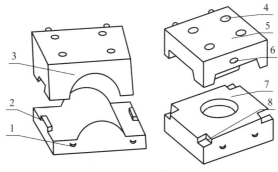

图 8 – 56 落压模的典型结构

1，7—下模；2—导向块；3，5—上模；4—带台阶的螺母；6—起重耳环；8—导向槽

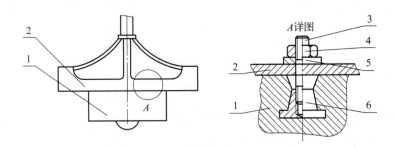

图 8-57　上模与锤头的固定形式

1—上模；2—锤头；3—双头螺栓；4—螺母；5—垫圈；6—带台阶螺母

3. 落压模与落压锤的匹配

（1）上模的质量应小于落压锤的标定吨位值。

（2）落压模的外轮廓尺寸不得超过落压锤工作台面的有效尺寸。

（3）上、下模的开启高度不得超过锤头的最大行程。

【任务实施】

落压成形任务实施过程见表 8-10。

表 8-10　落压成形任务实施过程

序号	实施项目	操作步骤	实施要点	备注
1		毛料准备： （1）2A12（LY12）； （2）规格：板坯 $\delta = 3.0$ mm； （3）数量：1件		
2	准备工作	工艺装备： （1）划线平板； （2）划针； （3）钢板尺； （4）游标卡尺； （5）高度划线尺； （6）铅笔； （7）钳工台案； （8）锉刀； （9）手动剪； （10）剪板机； （11）落压锤； （12）落压模具； （13）细纱布		

序号	实施项目	操作步骤	实施要点	备注
3	任务实施	读懂零件图样，明确工作任务，领取符合材料牌号、规格的板料		
4		根据图样计算展开毛料尺寸，划线并做好标记，用剪板机下料，手动剪修形		
5		去除毛刺，修光毛料边缘		
6		检查落压锤处于完好状态。固定好模具，调整好定位装置		
7		放入毛坯料，操作落压锤进行锤击。注意锤头的上下运动方向与操纵手柄上下移动方向一致		
8		锤击完成，将锤头上升至上限位置并锁紧		
9		取出工件，按图样要求划等高线，用手动剪沿等高线剪修余量，用锉刀、细纱布精修工件		
10		按图样要求全面检查工件形状、尺寸，符合质量要求		
11		在工件表面指定位置做好班级、学号、姓名标记，上交工件		
12	任务结束	清理、保养设备，清扫工作场地		
13		清点工具和量具，并摆放整齐		
14		保持工作场地整洁、卫生，做到安全文明生产		

【任务评价】

根据表 8－11 所示评价标准，对任务完成情况进行评分和总结。

表 8－11　落压成形任务评价标准

序号	评价项目	评价内容	配分	评分标准		学生互评（40%）	教师评价（60%）	备注
				合格	超差			
1	专业能力	300 mm ± 3 mm	10	10	5			
2		280 mm ± 3 mm	10	10	5			
3		180 mm ± 3 mm	10	10	5			
4		120 mm ± 2 mm	5	5	3			
5		100 mm ± 2 mm	5	5	3			

序号	评价项目	评价内容	配分	评分标准		学生互评（40%）	教师评价（60%）	备注
				合格	超差			
6	专业能力	50 mm ± 1 mm	10	10	5			
7		15 mm ± 1 mm	10	10	5			
8		$R800$ mm	10	10	5			
9		表面光滑，无裂纹、划伤、夹痕	10	发现一处缺陷扣除2分				
10	职业素养	解决问题的能力	10	酌情得分				
11		团队合作精神、安全文明生产、质量意识	10	违反规定酌情扣除2~3分				

【思考与练习】

（1）何谓落压成形？哪些类型的零件适合落压成形？

（2）落压成形的特点是什么？

（3）落压成形的主要设备是什么？其主要构造是什么？

（4）落压模有哪几种？落压模与落锤的匹配要求是什么？

（5）落压成形的要点是什么？

拓展阅读

飞机"校形师"陈超：既是"技能大师"，也是"救急高手"

记者在钣金加工车间见到陈超时，他穿着深蓝色工服，正在指导学生敲打修正零件的误差，不远处的陈列柜里展示着各式各样的飞机零件成品。这便是陈超为之钻研22年之久的钣金技艺成果。航空钣金制造技术是航空航天工程的一个重要组成部分，现代飞机的壳体主要是钣金铆接结构，钣金零件占飞机零件数量的50%以上，钣金工艺装备占全机制造工艺的 65%。具体到钣金加工，实际上就是把平板的铝合金原材料敲成所需要的飞机框架、骨架、蒙皮、零件等。"每一个零件都关系到飞行安全，不能出丝毫差错"。

钣金成形：既是"技能大师"，又是"救急高手"。

大型框板零件的成形及淬火后的变形校正问题在钣金加工中一直是难题，需要熟练的技巧和经验。为了突破瓶颈，陈超加班加点苦练"锤"功，凭借丰富的经验准确判断材料"紧""松"分布，完美演绎"收""放"艺术，方案做到极致，过程做到极致，细节做到极致，辛苦也到了极致，终于解决了大型框板零件的成形及淬火后的变形校正等问题。

2009 年，某重要制造工作中，陈超所在的钣金厂承担着该型号进气道双曲面内蒙皮（蛇形件）零件试制任务，"特急件，赶进度，上面要求我们 2 天内拿出零件交付给初装单位"，陈超说："这是一场硬仗"。为什么这么说呢？原来，由于该零件外形复杂，首先成形很困难；其次，使用国外材料，材质较硬，强度也高，加工难度大。此外，模具设备不完善，陈超和同事们需要根据经验另外设计一些辅助夹具来固定零件与模具之间的关系。种种因素表明，该零件属于典型的"急、难、险、重"任务。陈超将多年来积累的理论知识和实践经验相结合，计算出零件的理论尺寸，并制作了展开毛料样板，第一时间下料开工，特别是在高弯边处创新地采取了搂边和无痕收边相结合的技艺，并提出在冷作硬化前及时退火以提高材料的塑性。连续奋战 18 h 后，零件顺利交付喷漆，圆满完成了攻坚任务。

传承：授业解惑，传承"收"与"放"的艺术

"进无止境"是陈超的微信昵称，也是他常挂在嘴边、更是记在心里的台词，这不仅体现在他对技艺的追求上，还体现在传承技艺上。从 2002 年起，陈超开始带徒弟，所带 4 名徒弟中，目前三人已成长为技师，一人是高级工，挑起了工段的大梁，成为分厂主力军。

2012 年年底，分厂的首席操作师退休，波音大型弦杆型材零件搁置，一时间成了分厂最让人头痛的事情。就在此时，陈超与三名徒弟组成一支团队，主动请缨接过波音大型弦杆型材零件加工任务。面临着贴合样板 0.3 mm 误差要求和分厂一般加工零件误差为 0.5 mm 的差距，陈超和徒弟们根据老师傅留下的材料，自己摸门道，一点一案去敲，一步一步总结，终于攻克了弦杆中最难的某零件。之后，他们把经验与大家分享，帮助更多的人加入弦杆生产中去，分厂的弦杆团队数量迅速增加，为波音弦杆任务的全面加工铺平了道路。如今，陈超团队已成为波音弦杆转包任务的主力军，这支团队也因此被评为"钣金之星"优秀团队，并在后来的 C919 液压大框、大型长桁、外协产品整流罩及"工"字梁型材等生产中发挥了重要作用。

2016 年，为了把经验和技艺传承下去，钣金加工厂以陈超等技术带头人为班底创建了钣金学校。平日里工作再忙，陈超还是会抽空到钣金学校传道授业解惑。他毫不保留地将平时积累的工作经验传授给大家，鼓励大家钻研技术，帮大家搭建技术创新平台。分厂一些啃不动的"骨头"通常会交给钣金学校来做，老师们会以零件为教材，认真、详细、耐心地讲解并操作演示，不仅学员们学到了真本事，还对分厂生产的顺利进行起到了很大的推进作用。在历届的江西省振兴杯钣金技能比赛中，陈超的学生胡东东、刘乐名、万艳清均跻身前三，并晋升为技师。陈超自己则于 2017 年 9 月航空工业第五届职业技能竞赛中荣获第三名，并荣获"全国技术能手"荣誉称号。在第 44 届世界技能竞赛飞机维修项目中，他倾囊相授钣金技能，传授比赛经验，最终洪都两名选手入围全国前五名。

心声：用技能为自己代言

在众人眼中，陈超是个"有心人"，总在琢磨固化的工作方法，时时思考如何提高效率；他又是个"细心人"，不停观察，发现钣金零件加工过程中可能存在的各种安全隐患；他还是个"用心人"，投身于各种攻关、改革、发明，以一颗赤诚的心投入热爱的事业。

而在陈超自己看来，作为一名产业工人，其实他们所追求的不是荣誉也非加薪，更多的是在突击完成任务后的愉悦和满足感，用技能为自己代言，"当你做出来了，你才能得到自身的肯定"，他说。"我们每次做完了某项零件，得到了新的加工方法，都会做好总结和技术提升，相对的，分厂也会以我们的名字命名这项技术，作为产业工人，我们把这些看的十分重"。

任务九

旋压成形

【任务导言】

旋压成形是一种利用旋压工具，对旋转坯料施加压力，使之产生连续的局部塑性变形，而成为所需空心回转体零件的工艺方法。旋压成形按其变形特点可分为普通旋压成形和变薄旋压成形。在实际应用中，由于所采用的设备和工艺方法不同，又派生出了一些特殊的旋压方法，将这些旋压方法合理的组合，便可以满足各种零件生产的需要。旋压成形历史悠久，早期通过手工作业用来生产金、银、铜、锡等各种器皿。旋压机出现后，它被广泛应用于军工、机械、航空、航天、压力容器、灯具、乐器和生活日用品等的生产中。在航空上，机头罩、发动机罩、螺旋桨帽、副油箱头等零件均可用旋压方法制造。

【任务内容】

旋压成形原理分析，普通旋压工艺过程和变形特点，筒形件变薄旋压、锥形件变薄旋压，旋压成形工艺参数选择。

【学习目标】

（1）熟悉旋压成形原理和设备。
（2）掌握普通旋压成形工艺操作方法。
（3）掌握变薄旋压成形工艺操作方法。
（4）学会选择旋压成形工艺参数。
（5）提高学生认识、分析和解决问题的能力。
（6）养成工作创新意识、质量意识、团队合作精神和工匠精神。

【任务描述】

图 9 - 1 所示为旋压零件，按图样形状和尺寸，用旋压成形方法制作合格零件。

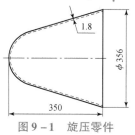

图 9 - 1　旋压零件

【任务引导】

引导问题1：什么是旋压成形？飞机上哪些零件可以采用旋压成形方法生产？

引导问题2：旋压成形有哪些方法？如何区分各种旋压成形方法？

引导问题3：简述旋压成形工艺参数选择方法。

【知识学习】

知识点一　旋压成形的概述

1. 旋压成形原理

旋压成形是一种利用旋压工具，对装夹于旋压机上的旋转毛料施加压力，使之产生塑性变形，从而获得所需空心回转体零件的工艺方法。

旋压成形原理

旋压成形基本原理如图9-2所示，模胎2装于机床主轴3上，毛料1用尾顶针8上的压块9紧紧地压在模胎2上，当主轴3旋转时，毛料和模胎一起旋转。操作旋轮对毛料施加压力并做线性进给运动，旋轮的运动轨迹与待成形零件的母线一致。毛料在旋轮的多次挤压作用下，产生间断的局部塑性变形与模胎贴合，最后形成所需的零件。

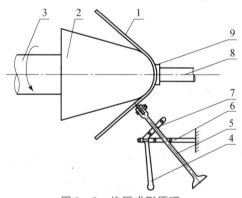

旋压成形

图9-2　旋压成形原理

1—毛料；2—模胎（芯模）；3—主轴；4—助力臂（辅助手柄）；
5—旋轮和手柄；6—支架；7—销钉；8—尾顶针；9—压块

2. 旋压成形的特点

（1）生产周期短，材料利用率高，产品成本低。旋压模是单模，结构较为简单。旋轮是通用的，因此旋压成形的生产准备周期短。旋压成形通过塑性变形改变毛料形状，材料利用率高。

（2）变形程度大，适用范围广。旋压过程中，材料通过旋轮的挤压作用产生变形，位于旋轮与旋压模之间的零件材料受到三向压应力的作用，而且属局部塑性变形。旋压成形存在应变分散效应，因此，材料的塑性可以得到充分的发挥，获得很大的变形。许多用一般冲压成形难以加工的材料可以采用旋压成形，用其他方法须几次成形的零件用旋压成形一次就可以完成。

（3）改善材料力学性能。在旋压成形中，材料晶粒细化并沿零件母线方向拉长，材料的屈服强度极限以及硬度均得到提高，力学性能获得改善，这往往可以使产品设计得更轻。

在旋压成形中，旋轮与零件之间接触区的温度达500 ℃左右，从而消除或减少了零件的残余应力，提高了零件的疲劳强度。

（4）旋压成形劳动强度较大，对操作者的技术水平要求较高，产品质量不稳定，劳动生产率低。随着科学技术的发展，这些缺点在逐步得到改善。

3. 旋压成形的类型及应用

旋压成形按其变形特点可分为两类：普通旋压（不变薄旋压）成形和变薄旋压成形。变薄旋压成形按零件形状又可分为筒形件变薄旋压成形和非筒形件变薄旋压成形。

用旋压方法可制造各种不同形状的空心旋转体零件，如图9-3所示。

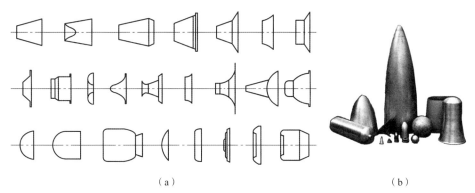

（a）   （b）

图9-3　采用旋压成形方法制造方法制造的零件

（a）结构示意图；（b）实物图

1）普通旋压成形

（1）普通旋压成形工艺过程。

普通旋压（不变薄旋压）成形是使平板毛料渐次包覆于旋压模表面形成空心件的一种旋压成形方法，因其宏观效果类似于拉深成形，故又称拉深旋压成形。

普通旋压成形

①旋压成形前的准备。

a. 毛料的准备。旋压前除检查材料牌号、厚度、尺寸、表面质量外，主要是确定旋压毛料展开形状和尺寸。旋压毛料可以按照拉深零件的毛料计算公式初步确定，然后在直径方向加上切割余量，每道工序的切割余量为10～15 mm。

b. 模具的安装。按零件选定模具，先检查模具表面是否有碰伤，防止旋压时损伤零件，模具与主轴的安装要牢固可靠，并检查模具与主轴是否同心、旋转后是否产生偏摆，如果模具安装不同心、有偏摆，在高速旋压下就容易引起机床振动和造成零件报废。

c. 毛料的润滑与夹紧。旋压时旋轮与材料的剧烈摩擦，容易擦伤表面或摩擦生热而使材料变软，因此，旋压时必须润滑。常用的润滑剂为肥皂、黄油、蜂蜡、石蜡、机油等混合剂，在高温下常用石墨或凡士林的混合油膏润滑。涂好润滑剂的毛料在旋压前应予可靠夹紧，并保持与模具中心对称。

d. 合理的转速。转速根据毛料厚度、模具直径、毛料的力学性能等因素进行选取，合理的转速一般为 200~600 r/min。转速太低，材料容易失稳，旋轮施力时材料倒塌，使得旋压难以进行；转速太高，则材料与旋轮的接触次数频繁，容易使材料过度辗薄。

②旋压成形过程。

旋压成形过程如图 9-4 所示，先将毛料压紧在模具上，使其随同模具一起旋转，同时从毛料的内缘开始，因为内缘材料稳定性最高，用旋轮赶辗延伸变薄，靠向模具的底部圆角，旋成过渡形状 1，然后由内向外赶料使毛料变为浅锥形，如图 9-4 中过渡形状 2。此时毛料形成锥形，稳定性已较平板状提高，起皱失稳趋势有所减小。此后继续赶辗内缘，逐步增加靠模长度，形成过渡形状 3。接着再赶辗外缘，使毛料外缘向刚性较好的锥形过渡。这样经多次反复赶辗，直至使毛料完全贴模，形成所需的零件形状。

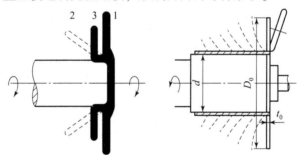

图 9-4　普通旋压成形过程

（2）普通旋压成形材料的变形特点。

①材料的变形过程不连续。

普通旋压成形过程中，毛料随模具一起旋转，当旋轮压向毛料时，迫使材料向模具弯折，产生局部塑性变形。由于毛料正在旋转，因此与旋轮接触的局部塑性变形区材料会不断更新，并迅速扩展至整个圆周，随着旋轮的进给，塑性变形区进一步遍及全部凸缘，使毛料成为锥形。对于凸缘材料的任一质点来说，它要经过几次"与旋轮接触—脱离旋轮"的反复，其塑性变形过程也就经历了"加载—卸载"的多次反复，因此说，普通旋压成形过程中材料的变形是不连续的。

②材料的应变状态与拉深类似。

普通旋压成形过程中，与旋轮接触的局部塑性变形区材料的变形状态十分复杂。在经过不连续的塑性变形过程后，零件宏观效果上表现出毛料直径缩小、厚度基本不变，即材料在周向发生了压缩变形，而在轴向发生了拉伸变形。这与拉深过程中材料的变形情况相似。因此，普通旋压成形过程中材料的变形程度也可用拉深系数表示，即

$$m = d/D_0$$

式中　d，D_0——零件和毛料的直径。

普通旋压成形时，毛料尺寸可按面积不变原则计算。

③起皱。

普通旋压成形过程和拉深成形相似，同样存在毛料凸缘起皱和零件底部圆角部位拉裂两种限制因素。只是在普通旋压成形中，筒壁底部所受拉应力小，正常操作中破裂的危险性较小，而毛料凸缘完全悬空，失稳起皱的危险性更大。

生产中采取的防皱措施主要包括以下几方面。

a. 选择合适的工艺参数。

b. 采取正确的操作步骤。首先用旋轮赶辗毛料外缘，使这部分材料逐渐靠向旋压模，此时外缘材料基本上不参与变形，保持稳定的刚性圈；然后变形区由内向外逐步扩大，越接近毛料外缘，赶辗力必须越小。

c. 采用如图 9 – 5 所示的反推辊防皱。

d. 采用多次旋压，逐步完成零件的旋压成形。此法既能防皱，又可防裂。

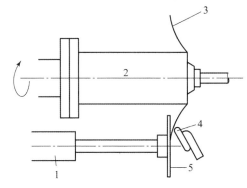

图 9 – 5 用反推辊防皱

1—油缸；2—旋压模；3—零件；4—旋轮；5—反推辊

（3）普通旋压成形的应用。

普通旋压成形可将板料或管材制造成各种不同形状的空心旋转体零件，它可以完成下列工序：

①旋压拉深，如图 9 – 6 所示。

②旋压卷边，如图 9 – 7 所示。

③旋压收口，如图 9 – 8 所示。

④旋压切边，如图 9 – 9 所示。

⑤旋压胀形，如图 9 – 10 所示。

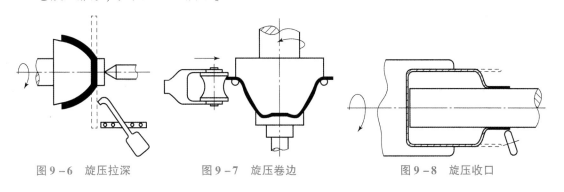

图 9 – 6 旋压拉深　　　图 9 – 7 旋压卷边　　　图 9 – 8 旋压收口

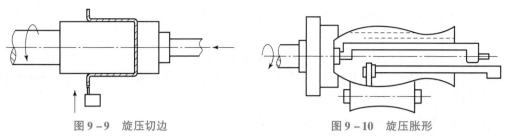

图 9 – 9　旋压切边　　　　　　　　　图 9 – 10　旋压胀形

2）变薄旋压成形

变薄旋压成形是在普通旋压成形的基础上发展起来的一种新工艺，主要用于导弹以及喷气发动机的生产中，例如，制造尾喷管、喷口、副油箱头、导弹和压气机的外壳、变厚度的空心阶梯轴等。加工用的毛料可以是厚板料，也可以是经过机械加工的锻件、铸件和焊接件等。

变薄旋压成形

变薄旋压成形具有很多独特的优点：

（1）加工出的零件准确度高［壁厚公差可达 ±0.05 mm，内径公差可达 ±（0.1 ~ 0.2）mm］，表面粗糙度好（Ra 可达 1.6 μm 以下）。

（2）加工后材料的强度、硬度、疲劳强度均有提高。

（3）材料利用率高。

（4）模具结构简单，生产效率高。

变薄旋压成形通常用于锥形件和筒形件的旋压变形。

（1）锥形件变薄旋压。

①成形过程。

锥形件变薄旋压又称剪切旋压，适用于锥形、抛物线形、椭球形及各种扩张形零件的成形。锥形件变薄旋压如图 9 – 11 所示，与普通旋压的工艺过程相类似。锥形件变薄旋压时，旋轮与旋压模之间的间隙小于毛料厚度。

按旋轮进给方向与零件材料流动方向的差异，锥形件变薄旋压分为正旋（材料流动方向与旋轮进给方向相同）和反旋（材料流动方向与旋轮进给方向相反）两种。

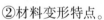

图 9 – 11　锥形件变薄旋压

②材料变形特点。

a. 材料厚度按正弦规律变化，毛料直径不变，即

$$t = t_0 \sin\alpha$$

式中　α——半锥角，（°）；

　　　t_0——毛料初始厚度，mm；

　　　t——零件筒壁厚度，mm。

毛料厚度的变薄是锥形件变薄旋压时材料变形的宏观表现，因此，常用厚度变薄率 q 作为衡量材料变形程度的指标。q 的表达式为

$$q = (t_0 - t)/t_0 \times 100\%$$

将 $t = t_0 \sin\alpha$ 代入，得

$$q = (1 - \sin\alpha) \times 100\%$$

此式说明，q 越大，厚度变薄越大，材料的变形程度越大。α 也可表示变形程度，α 越小，变形越大。

b. 轴向剪切变形是材料变形的主要特征。锥形件变薄旋压成形过程中，旋轮对毛料施加高压，使材料产生局部塑性变形并不断扩展至所有凸缘，材料逐点产生轴向剪切变形，剪切旋压由此而得。

c. 锥形件变薄旋压成形时，材料还会绕对称轴产生一定的扭转变形。

③锥形件变薄旋压成形障碍。

锥形件变薄旋压成形中，如果变形程度过大或工艺参数选择不当，会导致破裂、起皱等成形障碍。旋压成形过程一次完成不发生破裂的条件是变薄率小于极限变薄率。如果不满足，则可采用多次旋压，中间加退火工序，也可以采用加热旋压。

如果旋轮与旋压模之间的间隙、旋轮圆角半径和进给率选择不当，凸缘就会偏离原位置，向前或向后倾斜，阻碍成形过程顺利进行，这种现象被称为凸缘倒覆，如图 9 – 12 所示。凸缘倒覆后，往往会出现起皱，皱褶的形式与拉深外皱类似。

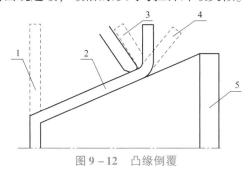

图 9 – 12　凸缘倒覆

1—毛坯；2—零件；3—后倾；4—前倾；5—旋压模

（2）筒形件变薄旋压成形。

①成形过程。

筒形件变薄旋压成形又称流动旋压或强力旋压成形，如图 9 – 13 所示。旋轮沿筒形毛料轴向进给，筒形毛料随旋压模同步旋转，零件材料在旋轮的挤压下产生局部塑性变形，随着零件的旋转和旋轮的进给，变形扩展至整个零件，使筒壁厚度减薄、长度增加。筒形件变薄旋压成形的毛料必为筒形件。

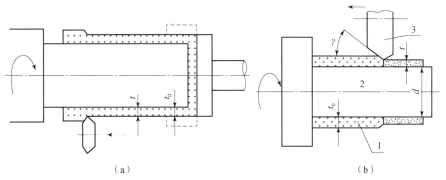

（a）　　　　　　　　　　　　　（b）

图 9 – 13　筒形件变薄旋压成形

（a）正旋；（b）反旋

1—毛料；2—旋压模；3—旋轮

②材料变形特点。

a. 筒形件变薄旋压成形过程中，筒形毛料内径基本不变，外径减小，筒壁厚度减薄。通常用壁厚变薄率 q 作为衡量材料变形程度的指标，q 的表达式为

$$q = (t_0 - t)/t_0 \times 100\%$$

式中　　t_0，t——旋压前后筒壁的厚度（见图 9 - 13）。

q 越大，变薄越严重，材料的变形程度也越大。

b. 筒壁厚度方向变形不均匀，引起附加应力，使零件外层纤维轴向受压、内层受拉。

c. 旋轮相对于零件的送进速度在变形区是变化的。

d. 旋轮与零件之间的接触区为一空间曲面，接触压力分布不均匀。

③筒形件变薄旋压成形的障碍。

a. 破裂。筒形件变薄旋压成形过程中，当变薄率超过一定值时，在筒壁上会出现破裂现象，从而使旋压成形过程无法进行。类似情况可采用多次旋压来解决。

b. 隆起，也称飞边。隆起产生于旋轮前，是材料流动过程中的一种失稳现象。筒壁厚度、旋轮前角和进给率是影响隆起的主要因素。当隆起保持稳定状态时，旋压过程仍可继续；当隆起逐步增长，超过一定的界限后，会产生毛料掉皮并将零件表面压伤。减小进给率和旋轮前角可以减少隆起。实践表明，将旋轮设计成带台阶形有助于抑制隆起并防止其继续增长。

知识点二　旋压成形工艺参数

1. 极限变薄率 q（见表 9 - 1）

表 9 - 1　极限变薄率

材料	牌号	锥形	筒形	材料	牌号	锥形	筒形
铜类	4130	75	75	铝类	2014	50	70
	6434	70	75		2024	50	70
	4340	65	75		5256	50	75
	D6AC	70	75		5086	65	60
	Rene 41	40	60		6061	75	75
	A286	70	70		7075	65	75
	Waspaloy	40	60	钛类（热旋）	纯钛	45	65
	18% Ni	65	75		6 - 4	55	75
	321	75	75		B120VCA	30	30
	17 - 7PH	65	65		6 - 6 - 4	50	70
	347	75	75		钼	60	60
	410	60	65		铍	35	—
	H11 工具钢	50	60	难熔材料（热旋）	钨	45	—

2. 旋轮进给率 f

旋轮进给率是指旋压模每旋转一周旋轮沿零件母线方向的进给量。进给率大小对旋压力大小、成形效率、可旋性和成形质量等均具有直接影响。

进给率增大，生产率提高，零件贴模紧，对提高零件的精度有利，但也使旋压力增大，零件表面粗糙度增加。进给率过大或过小都可能造成机床的振动或爬行，从而影响零件质量。因此，旋轮进给率的选择受很多条件的制约，表9-2所示为旋轮进给率经验值，仅供参考。

表9-2 旋轮进给率（经验值）

类型	进给率/$(mm \cdot r^{-1})$	备注
薄板锥形件变薄旋压	0.1~1	—
厚板锥形件变薄旋压	1~2	—
筒形件变薄旋压	0.3~2.5	常用的是 0.5~1.5

3. 旋压模转速 n

旋压模转速对旋压成形过程有一定影响。增大转速，有助于提高生产率，但过高的转速往往会导致旋压模摆动和机床振动，使零件精度降低。此外，在进给率和旋压模尺寸确定的条件下，转速增大，材料产生的变形热量增高，需要更好的冷却。表9-3所示为几种常见材料旋压时旋压模转速的经验值。

表9-3 旋压模转速（经验值）

材料	转速 $n/(r \cdot min^{-1})$	材料	转速 $n/(r \cdot min^{-1})$
硬黄铜板	1 200	紫铜板	600
纯铝板	300~500	不锈钢板	200~300

4. 冷却、润滑

旋压成形过程中，零件材料在旋轮的挤压作用下产生局部塑性变形，变形功大部分转化为热能，加之旋轮与零件之间的摩擦，形成了变形区的高温状态。为了保证旋压成形过程稳定进行，防止零件材料黏附到旋轮或旋压模表面上，应对变形区进行充分的冷却和必要的润滑。表9-4所示为旋压成形常用的冷却润滑剂。

表9-4 旋压成形常用的冷却润滑剂

材料	冷却润滑剂
铝合金	机油
低碳钢	机油
合金钢	乳化液
不锈钢	机油或乳化液，二硫化钼油剂

5. 旋轮

旋轮是旋压成形的主要工艺装备之一，它对零件施加成形力，并且高速旋转。因此，旋轮承受着很大的作用力和剧烈的摩擦作用，对旋压成形效果有着重大的影响。表 9 - 5 所示为旋轮结构参数的经验值。

表 9 - 5　旋轮结构参数（经验值）

材料		$\alpha/(°)$	$\beta/(°)$	$\gamma/(°)$	ρ/D
软钢		20 ~ 25			
不锈钢	经过退火	25 ~ 30	3 ~ 6	3 ~ 5	0.015 ~ 0.03
	未经退火	25 左右			
合金钢		25 ~ 30			
铝及其合金		12 ~ 15	3	3	0.04 ~ 0.09
黄铜		25 ~ 30	3	3	

【任务实施】

旋压成形任务实施过程见表 9 - 6。

表 9 - 6　旋压成形任务实施过程

序号	实施项目	操作步骤	实施要点	备注
1		毛料准备： （1）材料牌号：1Cr18Ni9Ti； （2）规格：板坯 δ = 1.8 mm； （3）数量：1 件		
2	准备工作	工艺装备： （1）划线平板； （2）划规； （3）划针； （4）钢板尺； （5）直尺； （6）游标卡尺； （7）高度划线尺； （8）铅笔； （9）钳工台案； （10）手动剪； （11）弯剪刀；		

序号	实施项目	操作步骤	实施要点	备注
2	准备工作	（12）锉刀； （13）旋压机； （14）旋压模； （15）旋轮； （16）细纱布		
3		读懂零件图样，明确工作任务，领取符合材料牌号、规格的板材		
4		根据图样计算展开毛料尺寸，划出毛料形状尺寸及旋压的始线、终线		
5		用手动剪、弯剪刀剪出毛料尺寸形状		
6		去除毛刺，修光毛料边缘		
7	任务实施	零件旋压操作： （1）将毛料压紧在旋压模上，随同模具一起旋转。 （2）从毛料内缘开始，用旋轮赶辗延伸变薄，靠向模具底部圆角旋成过渡形状。 （3）由内向外赶压材料使毛料变成浅锥形，提高稳定性，起皱失稳趋势减小。 （4）继续赶辗内缘，逐步增加靠模长度，形成过渡形状。 （5）赶辗外缘，使毛料外缘向刚性较好的锥形过渡。 （6）这样多次反复赶辗，直至毛料完全贴模，形成所需的零件形状		
8		旋压结束，取出工件，检查工件形状、尺寸，如有不符可以返修		
9		按图样要求全面检查工件形状、尺寸，符合质量要求		
10		在工件表面指定位置做好班级、学号、姓名标记，上交工件		
11	任务结束	清理、保养设备，清扫工作场地		
12		清点工具和量具，并摆放整齐		
13		保持工作场地整洁、卫生，做到安全文明生产		

【任务评价】

根据表 9 - 7 所示评价标准，对任务完成情况进行评分和总结。

任务九

旋压成形

表 9 – 7　旋压成形任务评价标准表

序号	评价项目	评价内容	配分	评分标准		学生互评（40%）	教师评价（60%）	备注
				合格	超差			
1	专业能力	ϕ356 mm	20	20	15			
2		350 mm	20	20	15			
3		1.8 mm	20	20	15			
4		表面光滑、无裂纹、划伤、夹痕	20	发现一处缺陷扣除 2 分				
5	职业素养	解决问题的能力	10	酌情得分				
6		团队合作精神、安全文明生产、质量意识	10	违反规定酌情扣除 2~3 分				

【思考与练习】

（1）何谓旋压成形？有哪些特点？

（2）旋压成形如何分类？

（3）何谓普通旋压？普通旋压材料的变形特点有哪些？

（4）锥形件变薄旋压过程材料的变形特点是什么？

（5）旋压成形的主要工艺参数有哪些？

拓展阅读

亚洲最大卧式强力数控旋压机在西安航空基地建成投产

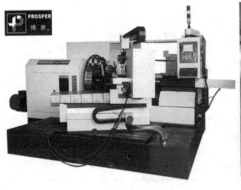

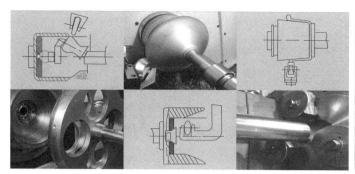

  2019 年 12 月 20 日上午，伴随着机器的轰鸣声，亚洲最大的 5800 卧式双滑台强力数控旋压机在西安航空基地正式建成投产，填补了我国在金属旋压重大装备领域的多项技术空白，为航空先进制造产业集群的发展壮大再添新动能。

  5800 卧式双滑台强力数控旋压机是西安航空基地辖区企业西安博赛旋压科技有限公司自主研发制造的旋压机，最大加工直径 5.8 m，最大正旋长度 4 m，最大反旋长度 6 m，轴向最大推力和径向单轴最大推力均可达到 120 t，能够生产弧形、半球形、锥形、抛物线形等各类形状的大尺寸薄壁空心回转体零件，可广泛应用于航空航天、船舶、电力、能源等诸多领域，为我国大型火箭发动机壳体、燃料贮箱、人造卫星壳体、舰艇装备等大尺寸、高精度旋压产品生产制造提供有力保障。

  中国第一代旋压专家陈适先指出，西安博赛旋压科技有限公司大型旋压机的建成投产，对我国旋压装备技术的发展具有重要意义，为航空航天等产品再上一层楼创造了重要条件，也为大型容器、储罐的发展开辟了新的前景。

  旋压技术是金属成形领域不可或缺的技术，具有变形条件好、制品性能高、应用范围广、尺寸偏差小、材料利用率高、可制造整体无缝空心回转体零件等优势。西安博赛旋压科技有限公司自 2017 年成立以来，始终致力于旋压成形领域的技术创新和研发制造，成功突破国外技术封锁壁垒，攻克了大尺寸及难加工材料成形的关键技术，先后研制出国内唯一、亚洲最大、完全自主知识产权的 3600 立式旋压机和 5800 卧式旋压机，成为西安硬科技领域具有国际领先水平的科研成果。

  "我们公司在 3600 大型立式多对轮强力数控旋压机、5800 卧式双滑台强力数控旋压机和卧式三轮强力数控旋压机这三台'精大稀'设备的基础上，根据旋压工艺的种类、零件的尺寸、材料的不同，又投入了自主研发的多台通用和专用设备，能够实现旋压产品的一站式加工。依托核心旋压技术和重大旋压设备，公司致力于打造世界一流的旋压工艺技术研究中心，为国家高端装备制造业的发展做出贡献。"西安博赛旋压科技有限公司总经理周路表示，随着 3600 大型立式多对轮强力数控旋压机、5800 卧式双滑台强力数控旋压机和 400 MN 大型模锻液压机的先后投入使用，以及 300 MN 等温锻造液压机的开工建设，西安航空基地航空重大装备制造能力显著提升，先进制造产业集群效应等进一步彰显。

任务十

特种成形

【任务导言】

在飞机钣金件成形中，有些零件需要用特种成形的方法加工，这些方法包括喷丸成形、高能成形、蠕变成形和超塑成形等。

【任务内容】

子任务 10.1 喷丸成形　分析喷丸成形原理，介绍喷丸成形设备和喷丸成形的操作方法。

子任务 10.2 高能成形　分析爆炸成形、电液成形和电磁成形原理，介绍爆炸成形、电液成形和电磁成形的方法与特点。

子任务 10.3 蠕变成形　分析蠕变成形原理，介绍蠕变成形的工艺过程和特点。

子任务 10.4 超塑性成形　叙述超塑性的基本概念，分析超塑性变形机理，介绍超塑性的分类和应用。

【学习目标】

（1）熟悉喷丸成形的原理和设备；

（2）掌握喷丸成形的操作方法；

（3）熟悉高能成形的原理；

（4）掌握高能成形的方法和特点；

（5）熟悉蠕变成形的原理和方法；

（6）熟悉超塑性的基本概念和成形机理；

（7）掌握超塑性成形的方法和应用；

（8）提高学生认识、分析和解决问题的能力；

（9）养成良好的学习方法及工作中的创新意识和质量意识，形成较强的团队合作精神和精益求精的工匠精神。

【任务描述】

常用的特种成形方法包括哪几种、有何特点。试分析比较各种成形方法在飞机零件生产中的应用。

子任务 10.1　喷丸成形

【任务引导】

引导问题 1：什么是喷丸成形？常见的喷丸成形壁板结构有哪些？

引导问题 2：喷丸成形操作方法是什么？

【知识学习】

知识点一　喷丸成形概述

1. 喷丸成形原理

喷丸成形是 20 世纪 50 年代随着飞机壁板结构的应用，在喷丸强化工艺的基础上发展起来的一种工艺方法，它用以成形外形变化平缓的蒙皮类钣金件，是飞机工业中成形整体壁板和整体厚蒙皮零件的主要方法。

喷丸成形原理（见图 10-1）是利用高速喷射的弹丸流撞击金属板件表面，使受喷表面的表层材料产生微塑性变形，导致残余应力，使整体壁板逐步达到外形曲率要求的一种成形方法。喷丸成形时每个金属弹丸都以高速撞击金属板件的表面，使受喷表面的金属围绕每个

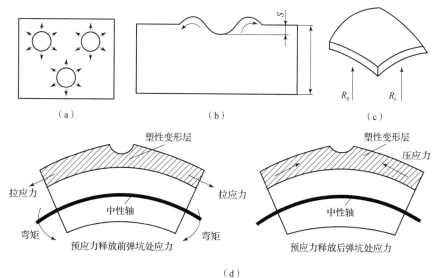

图 10-1　喷丸成形原理

（a）金属向四周排挤；（b）面积增大；（c）壁板拱起；（d）应力变化

弹丸向四周延伸，金属的延展超过材料的屈服极限，产生塑性变形，形成压坑，从而使受喷表面的面积增大，但表层材料的延伸又为内层材料所牵制，因而在板材内部产生内应力，内应力平衡的结果使板件发生双向弯曲变形，完成板料成形。

2. 喷丸成形特点

（1）喷丸成形时高速运动的球形弹丸撞击材料表层，使一定深度的表层产生塑性延伸变形。喷丸在材料表面形成的应力层，阻止和延缓裂纹的产生、扩展，能提高零件的疲劳强度。

（2）材料接受给定弹丸流的喷射，当覆盖率达到饱和状态时，零件不再发生变形。

（3）喷丸的送进方式和弹流参数可以随意匹配，加工程序有很大的灵活性。

（4）只要提供足够的弹丸散射面积，一般被加工零件的长宽尺寸不受限制。

（5）喷丸零件表层压应力的存在，提高了材料疲劳性能和抗应力腐蚀能力，可以和喷丸强化同步进行。

（6）喷丸工艺的设备和工艺装备结构简单，造价低廉。但喷丸工艺对人工操作技巧和经验积累依赖性很大，针对具体零件通常靠试喷数据和操作者技术进行加工。

知识点二　喷丸成形设备

按推进弹丸的方式可分为气动式喷丸机和离心式喷丸机，典型的喷丸机结构如图 10 - 2 所示。

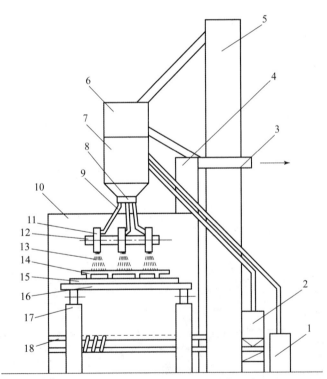

图 10 - 2　典型喷丸机的结构

1—破碎弹丸收集器；2—自动式装丸器；3—弹丸回收器；4—排气管；5—弹丸提升器；6—弹丸分离器；
7—弹丸储存室；8—弹丸控制活门；9—输弹管；10—工作室；11—叶轮（喷嘴）；12—叶轮（喷嘴）支架；
13—弹丸流；14—板坯；15—垫板；16—工作台；17—工作架；18—弹丸传送器

（1）弹丸的推进装置。将弹丸加速到要求的速度。气动式喷丸机的弹丸推进装置是空气压缩机和喷嘴，离心式喷丸机的弹丸推进装置是电动机和叶轮。

（2）弹丸的输送提升机构。保证弹丸的重复使用。

（3）弹丸的分离机构。清除破碎的或小于标准尺寸的弹丸，保证弹丸质量。

（4）弹丸的添加装置。补充弹丸消耗。

（5）保证弹丸流和被加工板料的相对运动。一般是工作台移动，喷射室固定。

（6）喷射室。弹丸运动的密封空间，板料在此接受喷丸，控制弹丸不到处飞溅。

知识点三　喷丸成形方法

1. 单曲度壁板成形

单曲度壁板成形方法如图 10 - 3 所示。在喷丸成形机上，弦向曲率可通过调节各喷头的喷击强度加以控制。喷形后用样板检验，对于不贴合的部分，可手提喷丸机校形。

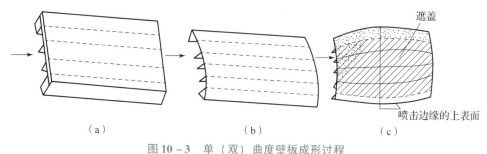

图 10 - 3　单（双）曲度壁板成形过程
（a）毛坯（工艺筋条）；（b）单曲度喷形；（c）双曲度喷形

2. 双曲度壁板成形

双曲度壁板成形一般是先成形为单曲度壁板，然后再成形为双曲度壁板，如图 10 - 3（c）所示。

马鞍形壁板结构成形过程如图 10 - 4 所示。第一道工序先喷射外表面，形成单曲度；第二道工序在剖面中性层以下涂橡胶屏蔽层，单喷筋条上面部分，成形出马鞍形。

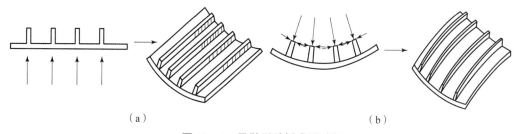

图 10 - 4　马鞍形壁板成形过程
（a）喷射外表面；（b）单喷射筋条部位

喷丸成形特点：

（1）专用工艺装备费用少。

（2）一般情况下不会造成废品，如果出现过成形，则可在背面喷击修正。

（3）工件表面粗糙度增加，且表面包铝层被破坏，影响抗蚀能力。

子任务 10.2　高能成形

【任务引导】

引导问题 1：什么是高能成形？

引导问题 2：高能成形包括哪些成形方法？

【知识学习】

高能成形是在极短的时间内释放出巨大的能量来作为成形能源的工艺方法，其特点是使较大的能量在极短的时间内释放出来。这些能量主要通过冲击波的形式作用到被成形的毛料上，使毛料在极短的时间内接受一个脉冲能量，故可称脉冲成形。其冲量变成毛料的动量，使毛料以很高的速度向模腔运动而成形，故又叫高速成形。

高能成形首先需要一个大功率的能量。现用的第一类能源是化学能，如炸药、火药、爆炸气体等；第二类能源是电能，有电液效应和电磁效应两种方式；第三类能源是高压气体。目前常用的能源是炸药、电液效应和电磁效应，相应的成形方法称为爆炸成形、电液成形和电磁成形。

知识点一　爆炸成形

1. 爆炸成形原理

爆炸成形是利用炸药的化学能作为能源，炸药爆炸后产生的高压通过水、空气等介质形成冲击波，使毛料产生高速塑性变形的成形方法，其成形原理如图 10 - 5 所示。炸药由雷管引爆后，在几十万分之一秒内完全转化为高温高压气团（爆心处产生 3 000 ℃以上的高温和 1 MPa 以上的压力），猛烈推动周围的介质，在介质中引起强压缩的冲击波；冲击波传到毛料表面时，将能量传给毛料，转化成毛料的动能，使毛料中部以很高的速度向模腔运动，并带动压边圈下的材料绕过凹模圆角流入模腔；随后，炸药变成的高温高压气团急剧膨胀，推动介质迅速运动，产生很大的水流动压，使毛料受到二次加载，进一步促进零件成形。爆炸成形常用水作为介质，因为水传压均匀、安全，操作方便。

爆炸成形零件的能力可用冲击波波面单位面积上的能量 E 来估量，经验公式如下：

$$E = CW^{1/3}(W^{1/3}/R)^r$$

式中　W——药包的药量；

　　　R——测量点到药包中心的距离；

　　　C，r——系数，炸药和介质种类常数。

从式中可以看出，E 取决于炸药的种类和药量，炸药的含能量越高或药量越大，R 大。E 还取决于介质的种类和 R 值大小，R 越大，E 越小。

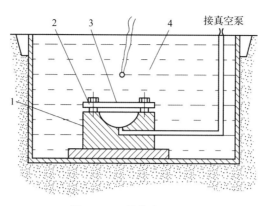

爆炸成形

图 10-5 爆炸成形原理

1—凹模；2—压边圈；3—毛料；4—水

2. 爆炸成形的特点

(1) 对飞机小批量、多品种、改型快的生产特点适应性好，投产快。

(2) 设备简单，投资低；能源价廉，易控制。

(3) 能成形一些常规方法难成形的零件。

(4) 不受钣金零件的尺寸限制。

(5) 产品质量随机性较大，不易控制。

3. 爆炸成形机床

水井中爆炸成形需在室外进行，操作条件差，炸药能量的利用率低。以图 10-6 所示的爆炸加工机床为例，水井筒由四个液压油缸 3 升降，图示为升起位置，此时油缸 6 将工作台

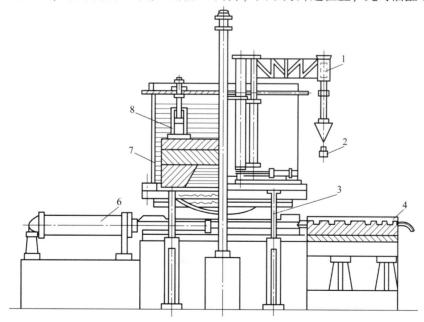

图 10-6 爆炸成形机床

1—活动炸药架；2—药包；3—液压油缸Ⅰ；4—工作台面；5—抽气管
6—液压油缸Ⅱ；7—反射罩；8—减震支柱

任务十 特种成形

送到橡皮囊下。降下井筒，通过抽气管 5 对工作台上的模腔抽真空，引爆，即能成形。该机床的特点是在井筒内装有一个重达 10 t 的铸钢反射罩 7，上面还有四个减震支柱 8 起缓冲作用。反射罩使药包在封闭的空间内爆炸，大大提高了炸药能量的利用率。由于反射罩的屏蔽作用，井筒壁所受的爆炸载荷大为减小，可以缩小井筒直径和壁厚。该机床工作台有效直径为 1 m，最大装药量为 70 g TNT 炸药。

知识点二　电液成形

1. 电液成形原理

电液成形是在液体介质（通常为清水）中，利用电容器中储存的电能在电极之间产生火花，瞬时放电产生的高能冲击波使毛料产生塑性变形而贴附于模具的一种成形方法。

电液成形的原理如图 10 - 7 所示。工件、模具和电极均浸入液体中，在接通电源后，交流电通过变压器 1 升压，经高压整流器 2 整流，通过充电电阻 3 向电容器 5 充电，从而在电容器 5 上储存相当大的电能 W。

$$W = 1/2(CU^2)$$

式中　　C——电容器组的电容，F；

　　　　U——充电电压，V。

一般情况下 U 为 $10 \sim 40$ kV，C 为几十到一千多微法，W 可达几千至十几万焦耳。

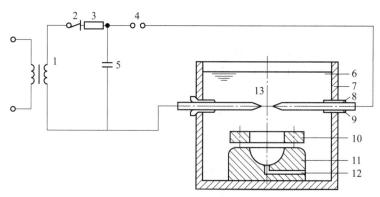

图 10 - 7　电液成形原理

1—变压器；2—整流器；3—电阻；4—辅助间隙；5—电容器；6—液体；7—筒壁；
8—插座；9—主电极；10—毛料；11—模具；12—抽气孔；13—主间隙

当电容器 5 上的电压上升到充电电压值后，点燃辅助间隙 4，电容器 5 便通过辅助间隙 4 和主间隙 13 放电。如间隙选择适当，则整个放电过程在几至几十微秒内就能完成。几万焦耳的能量在几十万分之一秒内在主间隙 13 上释放出来，会在介质中形成很强的冲击波，然后水流动压作用在毛料上，使毛料高速成形，其过程和爆炸成形相似。放电部分的作用就是通过电液效应把充电部分储存的电能在瞬间变成成形零件的动能。

为了控制和改变主间隙放电形成的冲击波的形状，可在主电极 9 之间连接金属细丝（爆丝），当脉冲大电流通过此细丝时，立即汽化（爆炸），从而产生强大的冲击波。改变爆丝的形状，即可改变放电电弧的通道，从而改变冲击波的形状和载荷分布，使之满足不同形状零件变形的要求。

电液成形的液体介质一般采用清水，而爆丝的材料多用熔点低、导电率高的材料，常用直径 1 mm 的铝丝和直径 0.5 mm 的铜丝。电液成形可向毛料的局部释放大量的能量，这对用平板毛料制造带局部压印、加强筋条、孔和各种翻边的零件十分有用，对用管形毛料制造带环形槽或纵向加强筋、压印、不规则形状孔和翻边的零件更加有用。对于零件形状不对称、侧壁上开异形孔等，用常规方法难以成形，而用电液成形法则很有效。

2. 电液成形特点

（1）电液成形的变形速度很高。

（2）可以压制高强度耐热合金和各种特种材料，如钼、铌、钨、镍、钛、铍合金。

（3）零件回弹小，不需要校正，成形精度高，贴模精度可达 0.02～0.05 mm。

（4）与爆炸成形相比，电液成形操作安全，能量容易控制，但所需的设备复杂。

知识点三　电磁成形

1. 电磁成形原理

电磁成形原理与电液成形相似，只是在空气介质中装上适当的线圈代替水中的电极对金属坯料进行加工成形，如图 10 - 8 所示，当给储能电容器 6 充以一定的能量后，闭合开关 3，电容器 6 中的电能就会通过线圈 5 瞬时释放。其放电电流取决于电路的有关参数，峰值可达几万甚至几百万安培，当如此强大的脉冲电流通过放电线圈 5 时，就会在毛料 4 中产生感应电流，其方向与线圈电流方向相反。此两磁场方向相反，互相排斥，使线圈 5 与毛料 4 之间产生相互排斥力作用而使毛料产生塑性变形。电磁成形装置与电液成形装置相比，充电部分相同，而放电部分不同，电磁成形是利用电磁效应将电能变成机械能的。

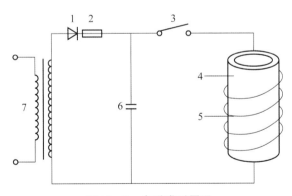

图 10 - 8　电磁成形原理
1—整流器；2—限流电阻；3—开关；4—毛料；5—线圈；6—电容器；7—升压变压器

电磁成形的加工能力取决于充电电压与电容器的电容量，常用的充电电压为 5～10 kV，而充电能量介于 5～20 kJ 之间。

线圈是电磁成形中最关键的元件，它的参数及结构直接影响成形效果。线圈的形状应根据零件的形状和变形特点来确定。线圈有一次使用和耐久使用两种：一次使用的线圈在成形过程中受到脉冲磁压力的作用而变形或破坏；耐久线圈适用于批量生产，线圈有足够的刚度，在规定的放电电压下有足够的电绝缘性能，能反复承受冲击力的作用而不发生显著变

形。常用的方法是把成形线圈用玻璃钢固定起来。为了解决耐久线圈的发热问题，可用强制空气冷却或循环水冷。线圈一般用铍青铜之类强度较大、电阻率小的粗导线绕制而成，浇注大量绝缘材料，以加大线圈的质量。

在电磁成形中，改变磁压力载荷分布的方法是采用磁通集中器。改变磁通集中器的形状，就能改变磁通量的分布，使某些部位的磁场大大加强，而使另一些部位的磁场削弱，以满足毛料各部位成形力不同的需要。磁通集中器一般用导电率高、强度高的材料制成。

电磁成形可用来完成冲孔、拉深、翻边、局部成形、压印、收边和扩孔等工序。电磁成形除具有高能成形的一般特点外，还可在惰性气体或真空中对毛料进行加工，目前用于加工厚度不大的小型零件。

2. 电磁成形特点

（1）可控性高，重复性好，质量稳定，可避免机械划痕。

（2）可使用简易模具或不用模具进行成形，实现复杂形状零件的高精度加工。

（3）生产率高，操作简便，易于实现机械化和自动化。

（4）设备复杂，不易加工低导电性材料。

子任务 10.3　蠕变成形

【任务引导】

引导问题 1：什么是蠕变成形？

引导问题 2：蠕变成形方法适用于哪些零件加工？

【知识学习】

知识点一　蠕变成形原理

蠕变是指金属在恒定压力下，除瞬时变形外，随着时间的增长而发生缓慢、持续的变形。蠕变成形（又称蠕变时效成形）是在一定温度和压力作用下缓慢变形的过程，并伴随着蠕变、应力松弛、时效的综合作用形成具有一定形状的零件。典型的蠕变成形工艺过程分为 3 个阶段，如图 10-9 所示。

（1）加载：在室温下，将金属材料通过一定的加载方式产生弹性变形并固定在具有一定外形型面的工装上，同时保持这种变形状态。

（2）人工时效：将固定装配好的材料和工装一起放入加热炉或热压罐内，使材料在人工时效温度范围保温一段时间，材料同时受到蠕变、应力松弛和时效机制的作用，形状、内部组织和性能均发生变化。

（3）卸载：在保温结束并撤除工装约束后，所施加到零件上的部分弹性变形在蠕变和应力松弛的共同作用下转变为永久塑性变形，从而使零件获得所需的外形。

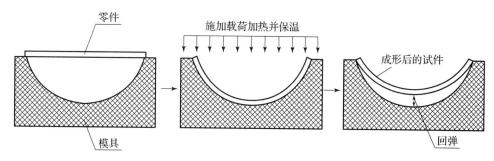

图 10 - 9　加热、施加载荷并保温

蠕变成形用的单位压力很低，成形时间长，为了防止金属在高温下受到氧化和污染，通常采用抽真空的办法成形，即真空蠕变成形。图 10 - 10 所示为一种简单的真空蠕变成形装置，在模具内装有电热管或电热丝，并用热电偶测温和控温，在金属板料上放一块 0.02 ~ 0.10 mm 厚的不锈钢板，以保护钛板，并使容框密封。当抽去板料与凹模间的空气之后，通过模具加热的板料在大气压力下发生蠕变，逐渐贴附凹模，形成零件。

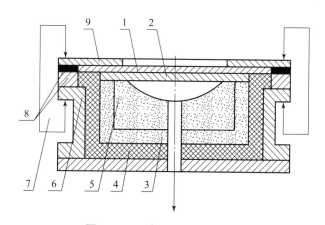

图 10 - 10　真空蠕变成形装置
1—不锈钢保护板；2—钛板；3—加热元件；4—保温层；5—陶瓷模；
6—容框；7—C 形夹；8—密封元件；9—盖板

知识点二　蠕变成形特点

蠕变成形速度缓慢，成形所需压力小，板料在真空中成形可以避免高温氧化和污染；成形零件精度高，工艺稳定，重复性好，可提高蒙皮强度。

蠕变成形能够生产双曲度复杂形状的厚蒙皮和整体壁板等大型钣金件，特别适用于钛合金材料（因为钛合金材料在高温下容易氧化，室温成形回弹量大，易破裂，而高温蠕变性能良好）。

子任务 10.4　超塑性成形

【任务引导】

引导问题 1：什么是超塑性成形？

引导问题 2：简述超塑性成形在航空航天上的应用。

【知识学习】

知识点一　超塑性的概念

超塑性成形-1 号　超塑性成形-2 号

金属的超塑性是指金属材料在一定的内部条件（金属的组织状态）和外部条件（变形温度、变形速率等）下所显示的极高塑性。在超塑性条件下，金属的延伸率超过 100%，有些材料可高达 2 000% 以上。

在各种金属材料中，具备超塑性的组织状态和控制条件正不断地被开发出来，甚至对于一些非金属材料，如陶瓷等，亦发现具有超塑性。目前，超塑性状态下的变形已进入到工业实用阶段。

知识点二　超塑性的分类

目前已观察到的超塑性现象可归为结构超塑性和相变超塑性两类。

1. 结构超塑性

结构超塑性，也称细晶超塑性或第一类超塑性。这类超塑性的原理是先使金属和合金经过必要的组织结构准备，使它获得晶粒直径在 5 μm 以下的稳定超细晶粒，然后给以一定的变形温度和变形速率条件，即可得到超塑性，因而这种超塑性又称为恒温超塑性或细晶粒超塑性。通常结构超塑性的变形温度在 $0.5\,T_{熔}$ 附近，应变速率为 $10^{-4} \sim 10^{-1}/\text{min}^{-1}$，试样拉伸时的伸长率可达 200% ~ 2 000%。

2. 相变超塑性

相变超塑性也称动态超塑性或第二类超塑性。这类超塑性不要求金属和合金具有超细晶粒组织，但要求具有相变或同素异构转变，即在载荷作用下，使金属与合金在相变温度附近反复加热和冷却，经过一定次数的循环后，可获得很大的延伸率。例如，碳钢在相变时塑性有增加的现象，使碳钢经过 α 相和 γ 相的多次循环，每次延伸长率 δ 都有增加，约在 150 次循环后，δ 明显增大。

3. 影响超塑性的主要因素

影响超塑性的因素有很多，主要是变形速率、变形温度、组织结构及晶粒度等。

变形速率对超塑性的影响很大，一般超塑性只在 $\dot{\varepsilon} = 10^{-4} - 10^{-1}/min^{-1}$ 范围内才出现。

变形温度对超塑性的影响非常明显，当低于或超过某一温度范围时，就不会出现超塑性现象。一般合金的超塑性温度为 $0.5\ T_{熔}$ 左右，在超塑性温度范围内适当提高温度，有利于超塑性变形。

晶粒尺寸对超塑性具有以下影响：减小超塑性材料的晶粒尺寸，则意味着材料体积内有大量的晶界，有利于塑性变形。

减小晶粒尺寸或如上述适当提高变形温度，都能导致下列变化：

（1）所有应变速率下的流动应力均降低，尤其是应当变速率低时更为显著。

（2）超塑性的应变速率范围向更高的方向移动。

（3）应变速率敏感性指数 m 的最大值增大，并向更高的应变速率方向移动。

所有这些变化对于使金属材料产生超塑性变形都是有利的。

晶粒形状对超塑性也有影响，当晶粒是等轴晶粒且晶界面平坦时，有利于晶界滑动，即有利于超塑性变形，如果晶粒形状复杂或呈片状组织等，则都不利于获得超塑性。

知识点三　超塑性的变形机理

关于超塑性变形的机理，目前还处于研究探索阶段，尚无统一认识。超塑性变形十分复杂，在变形中往往有几个过程同时发生，其中包括晶界的滑动、晶粒的转动、位错运动、扩散过程等，在特殊情况下还有再结晶现象。阿希贝与佛拉尔提出的晶界滑动和扩散蠕变联合机制较好地说明了金属在超塑性变形后仍保持为等轴晶粒的道理，一般认为这是当前较为可取的理论。但对于超塑性机制中的一些问题，如晶粒长大、空穴形成、断裂等的研究，还处于初步阶段。

许多实验证明，经过超塑性变形后的金属，其显微组织具有下列特征：

（1）变形后晶粒仍为等轴晶粒，变形前拉长的晶粒变形后也变成等轴晶粒，变形前存在的带状组织变形后能逐步减弱，甚至消失。

（2）事先经过抛光的试样在超塑性变形后不出现滑移线。

（3）将超塑性变形后的试样制成薄膜，用透射电子显微镜观察时看不到亚结构，也看不到错位组织。

（4）随着变形度的增加，晶粒逐步长大，一般当延伸率达到 500% 时，晶粒长大 50% ~ 100%。

（5）在特别制备的试样中，能见到明显的晶界滑动和晶粒旋转的痕迹。

知识点四　超塑性成形方法和应用

结构超塑性已在生产实际中得到应用，形成了一些成熟的工艺方法，主要有以下几种：

1. 超塑性气胀成形

超塑性气胀成形主要用于生产盒形类零件。图 10 - 11 所示为天线气胀成形，用于气胀成形的材料主要有锌铝合金、钛合金、不锈钢和铜基合金等。

任务十

特种成形

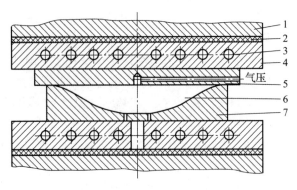

图 10 – 11　天线气胀成形

1—垫板；2—隔热板；3—加热棒；4—加热板；5—上模；6—工件；7—下模

2. 超塑性拉深成形

由于超塑性材料有极高的塑形，因此，可将金属板材一次性拉深成筒形件。图 10 – 12 所示为径向辅助压力拉深筒形件。超塑性拉深成形可成形高径比较大的零件，拉深后的零件壁厚均匀，表面质量好。

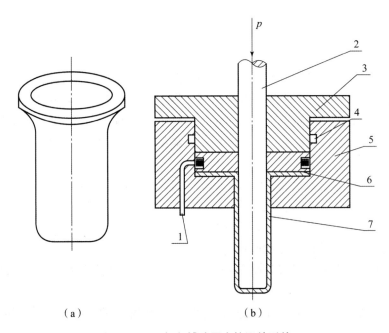

（a）　　　　　　　（b）

图 10 – 12　径向辅助压力拉深筒形件

（a）工件；（b）拉深过程

1—高压油孔；2—冲头（凸模）；3—压板；4—电热元件；5—凹模；6—板料；7—工件

3. 超塑性成形/扩散连接（SPF/DB）

其主要用于生产一些复杂的板结构件，如中空的或夹层的强化结构。其特点是在一个加热周期中同时完成成形和扩散连接两个工序。图 10 – 13 所示为钛合金 SPF/DB 结构件的几种类型。超塑性成形的主要材料有钛合金和铝合金等，此工艺在航空工业中得到了广泛应用。

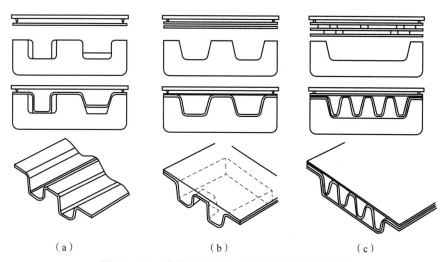

（a）　　　　　　　　　　（b）　　　　　　　　　　（c）

图 10 – 13　钛合金的 SPF/DB 结构件的三种类型

（a）Ⅰ型加筋板结构（单板）；（b）Ⅱ型整体加强结构（双板）；（c）Ⅲ型整体加强结构（三层板）

【任务实施】

任务实施过程见表 10 – 1。

表 10 – 1　任务实施过程

序号	实施项目	操作步骤	实施要点	备注
1	准备工作	班级分组：全班同学按学号分成四个小组		
2		分发报告纸：统一领取报告，按学号分发每个同学		
3	任务实施	按学号分组，明确各组分析讨论重点		
4		组织同学在认真学习各种成形方法的基础上，领会每种方法的优缺点		
5		各组列出每种成形方法可以生产的飞机零件，分析比较其工艺方案的可行性，与老师交换意见		
6		在分析比较的基础上，明确各种成形方法分别适用于哪些飞机零件的生产		
7		小组讨论结束，形成统一的结论，完成分析讨论报告		
8	任务结束	上交报告		
9		各小组互相交换讨论结果		

【任务评价】

根据表 10 – 2 所示评价标准，对任务完成情况进行评价和总结。

表 10 – 2　特种成形任务评价标准表

序号	评价项目	评价内容	配分	评分标准		学生互评（40%）	教师评价（60%）	备注
				良好	合格			
1	专业能力	报告内容完整、层次清晰、字迹工整	20	20	15			
2		成形方法与列举飞机零件的适应性	20	20	15			
3		分析讨论过程中的态度	20	20	15			
4	职业素养	分析和解决问题的能力	20	20	15			
5		团队合作精神	10	10	8			
6		质量意识	10	10	8			

【思考与练习】

（1）何谓喷丸成形？其有何特点？

（2）整体壁板喷丸成形的方法有哪些？

（3）什么是高能成形？

（4）爆炸成形的原理是什么？爆炸成形有何特点？

（5）简述电液成形和电磁成形原理。

（6）什么是蠕变？蠕变成形的特点是什么？

（7）何谓超塑性？金属材料的超塑性可分为哪几类？

（8）影响金属超塑性的主要因素有哪些？

（9）超塑性成形方法有哪些？

拓展阅读

曾元松　国内喷丸成形首席专家

曾元松，四川省攀枝花市人，1971年5月25日出生，中航工业北京航空制造工程研究所副所长、副总工程师，1997年毕业于哈尔滨工业大学材料科学与工程学院。

曾元松是该所最年轻的研究员和专业技术带头人。他率先在国内开展了带筋整体壁板喷丸成形技术、柔性多点模具蒙皮拉形工艺与装备技术、小弯曲半径管推弯成形技术、管件内径滚压无扩口连接技术、高压水冲击强化技术和超声冲击强化技术等应用的基础研究；负责和承担了20余项国家自然科学基金、国家科技部"十一五"支撑计划、国防预研、国防基础科研、民机科研和重点型号技术攻关等课题，在国内外专业刊物发表论文50余篇，申请专利16项。2009年荣获"第十一届中国青年科技奖"。

曾元松作为压力加工专业首届一指的资深教授王仲仁的得意弟子，1997年毕业时可谓是炙手难求的高级人才，然而这名捧着"金饭碗"年仅26岁的博士，婉拒了众多高薪单位，毅然走进了中航工业制造所的大门，与航空结缘。他用较短时间优质高效地完成了"九五"预研课题"整体壁板数控抛丸成形工艺技术研究"中表面几何分析、数值模拟和数据库开发3项重要研究工作，为自己的专业研究奠定了坚实的基础。

2001年，他的5个课题3项获奖，这其中他最引以为豪的无疑是与外方合作的小弯曲半径管课题，该课题在研制过程中经常受阻，曾元松总是在最关键的时刻提出最合理的解决办法。一次遇到了非常棘手的技术难题，曾元松大胆假设，提出了自己的见解，可外方专家断然否定，认为绝对不可行。为了能使方案付诸实践，执着的他一头扎进主机厂厂房和工人们反复分析、试验，用准确的实验数据对自己的方案进行了无可辩驳的论证，一举破解难题，令外方专家感到不可思议。惊愕之余，他们不得不重新审视这个温文尔雅的年轻博士。该课题最终获得了集团公司二等奖，同时也将曾元松推向了整体壁板专业领域的舞台中心。

曾元松带领攻关组解决了材料紧缺、缺乏基础试验数据、机翼壁板数模几次改变、涉及技术面广等种种困难，最终研制成功ARJ21超临界机翼整体壁板装机件。ARJ21机翼制造关键技术问题的解决，为整个ARJ21飞机机翼的研制铺平了道路，打破了国外的技术封锁和垄断，使我国成为世界上少数几个掌握该项技术的国家，为我国民机产业的发展提供了重要技术保障。

曾元松曾荣获各类科技成果奖12项，其中国家科技进步二等奖1项、国防科学技术一等奖2项，获得第十一届中国青年科技奖、第十一届茅以升北京青年科技奖、第九届中国航空学会青年科技奖、航空报国突出贡献奖、航空科学技术"一等功"、国防科技工业优秀博士和硕士学位称号，被评为中航工业首届十大杰出青年，是中航工业第一届"五四"奖章获得者，入选"新世纪百千万人才工程"国家级人选，荣获光华工程科技奖青年奖。

参考文献

[1] 胡世光，等. 钣料冷压成形的工程解析[M]. 2 版. 北京：北京航空航天大学出版社，2009.

[2] 董湘怀. 金属塑性成形原理［M］. 北京：机械工业出版社，2011.

[3] 唐荣锡，等. 飞机钣金工艺［M］. 2 版. 北京：国防工业出版社，1983.

[4] 王海宇. 飞机钣金工艺学［M］. 2 版. 西安：西北工业大学出版社，2022.

[5] 翟平. 飞机钣金成形原理与工艺［M］. 西安：西北工业大学出版社，1995.

[6] 李西宁，等. 飞机钣金成形原理与工艺［M］. 2 版. 西安：西北工业大学出版社，2021.

[7] 曾元松. 航空钣金成形技术［M］. 北京：航空工业出版社，2014.

[8] 中国锻压协会. 航空航天钣金冲压件制造技术［M］. 北京：机械工业出版社，2013.

[9] 航空制造工程手册编委会. 航空制造工程手册：飞机钣金工艺［M］. 北京：航空工业出版社，1992.

[10] 梁炳文. 冷冲压工艺手册［M］. 北京：北京航空航天大学出版社，2004.

[11] 成虹. 冲压工艺与模具设计［M］. 3 版. 北京：高等教育出版社，2014.

[12] 姜奎华. 冲压工艺与模具设计［M］. 北京：机械工业出版社，2001.

[13] 李硕本. 冲压工艺学［M］. 北京：机械工业出版社，1982.

[14] 钣金冲压工艺手册编委会. 钣金冲压工艺手册［M］. 北京 国防工业出版社，1989.

[15] 王成和，等. 旋压技术［M］. 福州：福建科学技术出版社，2017.

[16] 郑哲敏，等. 爆炸加工［M］. 北京：国防工业出版社，1981.

[17] 林兆荣. 金属超塑性成形原理及应用［M］. 北京：航空工业出版社，1990.

[18] 刘占军，等. 航空工艺装备技术［M］. 北京：北京航空航天大学出版社，2023.